光伏发电站太阳能板清洗技术及装备

尹修杰 著

化学工业出版社
·北京·

内容简介

本书在介绍光伏发电站太阳能板清洗技术相关知识的基础上，提出了一种光伏太阳能板除尘清洗机方案。主要内容包括：介绍光伏电站太阳能板清洗技术，研发四级联动太阳能板清洗装置，完成底盘的智能自适应控制系统及其行走底盘方案的结构设计，研究基于系统工程的整车轻量化拓扑优化方案，完成主要元件和参数的匹配选择及优化设计，进行光伏太阳能板清洗机的试验研究。

本书可为光伏发电站的技术人员提供帮助，也可供机械工程相关行业的技术开发人员学习参考，还可作为高校相关专业的参考用书。

图书在版编目（CIP）数据

光伏发电站太阳能板清洗技术及装备/尹修杰著. —北京：化学工业出版社，2021.5

ISBN 978-7-122-39022-6

Ⅰ.①光… Ⅱ.①尹… Ⅲ.①太阳能发电-发电设备-清洗 Ⅳ.①TM615

中国版本图书馆 CIP 数据核字（2021）第 075249 号

责任编辑：贾　娜　　文字编辑：赵　越
责任校对：赵懿桐　　装帧设计：王晓宇

出版发行：化学工业出版社（北京市东城区青年湖南街 13 号　邮政编码 100011）
印　　装：天津盛通数码科技有限公司
710mm×1000mm　1/16　印张 8½　字数 186 千字　2021 年 5 月北京第 1 版第 1 次印刷

购书咨询：010-64518888　　售后服务：010-64518899
网　　址：http://www.cip.com.cn
凡购买本书，如有缺损质量问题，本社销售中心负责调换。

定　　价：68.00 元

前 言

光伏组件表面灰尘的覆盖大大降低了光电转化效率，影响经济效益。本书参考当前普遍使用的光伏组件除尘方式，结合大规模光伏电站光伏组件表面除尘的特殊要求，提出了一种集清扫、吸尘、滚刷、蒸汽四级联动的光伏太阳能板除尘清洗机方案。利用高温高压蒸汽及四级工序联动清除太阳能板附着物的方法，通过设计清扫、吸尘、高压雾化蒸汽、滚刷四级联动太阳能板清洗装置，实现高效清洗，相对人工清洗节水70%以上，效率提高40～50倍的目标。

本书受山东交通学院“攀登计划重点科研创新团队高端装备与智能制造项目”资助，项目号：sdjtuc180005。本书主要内容包括：

1.研发了四级联动太阳能板清洗装置

利用高温高压蒸汽及四级工序联动清除太阳能板附着物的方法，通过设计清扫、吸尘、高压雾化蒸汽、滚刷四级联动太阳能板清洗装置，实现高效清洗，达到了设计目标。

2.完成了底盘的智能自适应控制系统及其行走底盘方案的结构设计

实现太阳能板清洗机的自动纠偏能力、自动调平以适应各种作业场地的能力、工作装置的工作姿态自调整能力，实现清洗机的傻瓜化操作，提高作业效率。

3.研究了基于系统工程的整车轻量化拓扑优化方案

通过比较履带行走底盘和拖拉机牵引轮胎式底盘，有效减轻了整车质量和产品成本，在操纵臂架结构方面，通过采用折叠臂架设计方案，实现了操控臂架构的轻量化。

4.完成了主要元件和参数的匹配选择及优化设计

根据太阳能板清洗机的工作要求，选取各子系统工作压力、流量、行走速度、工作姿态等主要技术参数，进一步优化了主要元件的选取和结构设计方案。

5.光伏太阳能板清洗机试验研究

在合作单位搭建光伏太阳能板场地，通过试验，不同工况下分别对清洗工作装置、行走子系统、调平子系统、臂架子系统等各分系统和整个系统进行试验，验证了该装备的整体性能。

在清洗效果方面，分两种情况测试：第一，当采用吸扫式除尘，清洗机移动速度为2km/h以下时，除尘率均达到了85%以上；第二，当采用蒸汽清洗和吸扫结合的四级联动清扫方式，在2km/h以下，除尘非常干净，无法收集灰尘，对除尘率的影响更为显著。试验表明：加入蒸汽以后除尘效果大大提高。

本书由尹修杰著。本书编写过程中，得到了领导、同事的大力支持与帮助，在此一并表示衷心的感谢！

由于水平所限，不足之处在所难免，敬请广大读者批评指正。

著者

目　录

第1章 概述

我国光伏太阳能电站多设在西北地区荒漠地带，这些地区属于高原气候，风沙大，光照时间长，雨水稀少，气候干燥。根据国外试验数据，太阳能板如果不进行清洗，太阳能电池板的发电损失范围可以高达25%，在某些地区，根据欧洲一些国家可再生能源实验室的报告，个别太阳能发电站损失已经高达30%。按我国2019年装机容量97GW测算，损失高达100亿元以上。对太阳能电站的清洗还没有好的办法，最主要的还是采用人工清洗，不但效率低下，并且清洗质量还得不到保证。随着我国光伏太阳能电站规模的不断扩大和劳动力成本的不断上升，机械替代人工是必然趋势。因此研发适应恶劣自然环境的太阳能板清洗车，成为当务之急。

1.1 国内外研究概况及存在问题

1.1.1 国外研究概况

近年来，随着光伏产业的发展，以电子、信息技术为先导，科研人员对在计算机故障诊断与监控、精确定位与作业、集成智能化、液压控制等方面的清洗设备进行了大量的研究，市场上已经出现了相关产品，但技术依然不成熟，还无法完全适应我国的自然环境。

图1-1为北京麦诺科技有限公司从意大利原装进口的太阳能板清洗机，该

机器的行走系统使用静液压传动，左右履带单独控制，由行走电子控制系统独立控制，速度无级变速；工作装置由刷臂、清洗系统、刷子控制系统组成。智能摇杆控制平台可以轻松控制机器的行走、刷臂及清洗系统的工作。清洗系统配备高压喷头，同时携带 1000kg 水箱，在 8h 内完成 1～1.3MW 电站的清洗工作。该设备用水量大，无法适应我国光伏电站所处的缺水源、水质过硬的自然条件。

图 1-1　太阳能板清洗机（意大利）

以色列 Ecoppia 公司开发的不用水即可自动清洁太阳能电池板的机器人如图 1-2 所示。Ecoppia 的机器人利用微细纤维制成的、像掸子一样的清洁工具太阳能电池板表面旋转来去除沙子，同时还使用吹气的方法。通过这些手段，可将太阳能电池板表面的粉尘去除 99%。该机器人可通过远程操作进行管理、监控及控制，无需人工就能轻松防止太阳能电池板输出功率下降，可保持售电量，提高太阳能发电系统的收益性。该设备存在清洗速度慢、投资大、维护难的缺点，无法适应我国光伏电站运营现状。

日本 Sinfonia Technology 公司开发出了供百万瓦级光伏电站使用的自动行走式太阳能电池板清扫机器人，如图 1-3 所示。该清扫机器人配备蓄电池，可一边在太阳能电池板上自动移动，一边从清洗液罐向外洒水，使用旋转刷和刮板进行清扫。该清扫机器人配备了摄像头及多种传感器，无须铺设轨道，可

图 1-2　太阳能电池板清洗机器人（以色列）

图 1-3　自动行走式太阳能电池板清扫机器人（日本）

自动移动。清洗能力为 $100m^2/h$。由于是清扫倾斜着安装在架台上的太阳能电池板，因此采用了可在 5°～30°的倾斜面上移动的设计。雨天时，即使太阳能电池板表面处于濡湿状态，也可在 20°的倾斜面上行走。另外，即使太阳能电池板之间分离，如果间隙在 50mm 以内、落差在±30mm 以内，该清扫机器人也可越过。该清扫机器人还配备了无线通信功能，可通过平板电脑确认清洗液余量及蓄电池电力余量等状态。蓄电池为更换式，当电量用完时，清扫机器人便移动至正在清扫的太阳能电池板的底部待机，在更换了蓄电池后，根据记录的位置信息重新开始清扫。蓄电池的更换能在短时间内完成，因此可在短暂的等待后继续清扫作业。另外还配备有红外线 LED 灯，可在夜间清扫。该设备无法适应我国光伏电站基地昼夜温差大的恶劣自然环境，同时清洗速度慢、用水量大。

1.1.2 国内相关技术发展现状

大连中隆新能源科技有限公司研制了一种喷液式自动清洗太阳能电池板的装置，该装置支撑架上下两端固定有横向滑动导轨，横向滑动导轨上滑动有横向滑动块，横向滑动块上固定纵向滑动导轨，纵向滑动导轨上滑动安装纵向滑动块，纵向滑动块上固定安装清洗刷，通过清洗刷中喷出的水和清洗刷上的皮刮对太阳能电池板进行清洗，喷出的水不仅去除了电池板上的灰尘，而且降低了电池板的温度，提高了电池的发电效率。纵向滑动块带动清洗刷沿电池板长度方向清洗，可实现一块电池板的全面清洗；横向滑动块可带动清洗刷横向运动，实现对所有电池板的自动清洗，达到了对太阳能电池板进行自动、高效、节能清洗的目的。该设备依然存在用水量大，无法适应西北地区恶劣自然条件的缺点。

深圳美安时科技发展有限公司研制了全自动化太阳能电池板清洗系统和车载式机动太阳能电池板清洗系统。全自动化太阳能电池板清洗系统的特点是清洗车能自动往返行走，自动完成清洗的所有规定动作，自动停机，出故障自动报警等。车载式机动太阳能电池板清洗系统由车载清洗机和手扶动力驱动旋转清洗装置构成，每台清洗车每小时可清洗完 700kWp 的多晶硅电池板，面积达 $4800m^2$。如果每台清洗车每天清洗 3h，则每天可清洗 2100kWp 的多晶硅电池板，10MWp 的太阳能光伏发电站只需要 5 台这样的清洗车。清洗车包括轨道部件、驱动系统、清洗系统、操作平台与支架、供水供电系统、控制系统。

北京德高洁清洁设备有限公司开发了一款 solar-tc3500 太阳能清洗车，如图 1-4 所示。该车底盘采用链轨式行走驱动机构，液压传动可实现无级变速，工作装置由大臂油缸、斗杆油缸、铲斗油缸操作，可实现提升、下降、翻转等基本动作。工作装置本身由滚刷、液体喷头组成。清洗液采用软化水。

图 1-4 液压驱动的太阳能电池板清洗车

重庆太初新能源有限公司研制了一款太阳能板清洗车，如图 1-5 所示。该车采用普通四轮运输车底盘，操作机构和工作装置均安装在运输车底盘上，其操作机构均由电机驱动，车上装有汽油发动机驱动的发电机，该发电机为整个工作装置及操作机构提供能源。整个装置由提升机构、伸展机构、滚刷驱动机构组成。清洗液采用软化水。该设备存在用水量大，对驾驶员驾驶技能要求高，调整清洗装置与太阳能板相对位置费时、费力等缺陷。

综上所述，近几年，国内外开发的光伏发电站太阳能板清洗设备，主要有以下几种类型。

从清洗剂方面来分，有使用软化水和使用空气 2 种类型。但是，上述的两种清洗方法均不适合我国大多数光伏太阳能电站，因为第一种方法需要大量的水冲洗，而我国的大多数光伏太阳能电站建在水资源比较缺乏的地方。第二种方法的投资成本太高，很难在实际范围内推广。

从动力方面来讲，一种利用液压驱动工作装置，一种利用电机作动力驱动。重庆太初新能源有限公司、以色列 Ecoppia 公司、大连中隆新能源科技有限公司的自动清洗太阳能电池板的装置均采用电机作为动力实现驱动，该种动力驱动方案的缺点是动作较慢，影响清洗作业车的工作速度。北京麦诺科技有限公司从意大利原装进口的太阳能板清洗机、北京德高洁清洁设备有限公司的solar-tc3500太阳能清洗车均采用液压驱动，但液压驱动的机构成本较高，适合自主行走的作业机械。

图1-5　电机驱动的太阳能板清洗车

综上所述，关于国内外太阳能板清洗机所采用的结构形式如表1-1所示。

表1-1　太阳能清洗机结构形式

<table>
<tr><th>名称</th><th>生产厂家</th><th>清洗机行走方式</th><th>清扫装置形式</th><th>清扫方式</th></tr>
<tr><td rowspan="2">太阳能板清洗机器人</td><td>以色列企业Ecoppia公司</td><td rowspan="2">固定安装，沿板面可移动</td><td rowspan="4">滚刷</td><td>吹扫</td></tr>
<tr><td>日本Sinfonia Technology公司</td><td>清扫＋清洗＋刮板</td></tr>
<tr><td rowspan="3">太阳能板清洗机</td><td>北京麦诺科技有限公司</td><td rowspan="2">移动行走、静液压传动</td><td rowspan="3">清扫＋清洗</td></tr>
<tr><td>北京德高洁清洁设备有限公司</td></tr>
<tr><td>重庆太初新能源有限公司</td><td>移动行走、四轮行走、机械传动</td><td>盘刷</td></tr>
</table>

太阳能清洗机的发展现状，还存在着如下问题：

① 以水为清洗介质的太阳能清洗机，用水量大、效率低下，不适合高原缺水地区使用，特别在我国西北缺水地区，需远程拉水，难以适应当地实际环境。

② 以空气为介质的太阳能板清洗装置，移动能力差，每排太阳能板阵列都需要安装一套清洗装置，因初次投资成本大，无法推广。

③ 自走式清洗车不具备纠偏功能和对地面的自适应能力，只有一级微调、滚刷等工作装置对太阳能板使用伺服电机蜗轮蜗杆或齿轮丝杠进行微调，对不同路面适应性差，反应速度慢。

④ 工作装置或喷水刷洗，或滚刷吸尘，功能单一，不适合不同污染情况作业需求，调平效果差而导致清洗不均匀。

⑤ 自动化程度低，作业人员劳动强度大；效率低下（太初公司惠农光伏电站现场演示，作业行驶速度仅有 0.1km/h)，难以替代人工，价位偏高，进口品牌在 150 万～200 万，国内品牌在 80 万～120 万。

1.2 市场需求及产业化前景

目前，清洁光伏组件大多还是人工清洁，人工清洁方式包括水冲清洁和拖把清洁，其缺点是易受环境条件限制，工作量繁重，清洁效率低，清洁效果差，运用成本高。特别是我国中西部地区，多风少雨，水源匮乏，人力缺少，人工清洁难以实施。

2019 年全球光伏新增装机市场达到 97.1GW(1GW＝1000MW，约 370 万块电池板，占地约 35000 亩[1])，同比增长近 30%，我国新增装机量达 34.24GW，同比增长 126%，居全球首位。作为可再生清洁能源产业，随着高倍聚光、聚膜光伏等新技术、新工艺、新材料的利用，发电成本将大幅降低，预计 2050 年太阳能发电将占到总发电量 25%，前景广阔。

[1] 1 亩＝666.67m^2。

1.3 本书主要内容

(1) 研发四级联动太阳能板清洗装置

通过设计清扫、吸尘、高压雾化、滚刷四级联动太阳能板清洗装置，实现高效清洗，达到相对人工清洗节水70%以上，效率提高40～50倍的目标。

① 设计了清扫机构的结构，包括材料选型、真空度、吸尘能力，并研究了清洗液高压雾化技术，以保证在实现高效清洗能力的前提下减少用水量，分析了清洗液用量、空气流量、压力、温度等参数对太阳能板清洗效果的影响，开发了适合大多数太阳能板尺寸的擦干滚刷，滚刷可自动清除水分。

② 设计了清洗工作装置各子系统的驱动机构及相关各子系统复合作业的协调控制技术，主要包括：清扫机构的驱动控制技术，吸尘机构的驱动控制技术，滚刷的驱动及自动去静电技术，高压雾化蒸汽流的控制技术等。

(2) 底盘的智能自适应控制系统及其行走底盘方案的结构设计

实现太阳能板清洗机的自动纠偏能力、自动调平，以提高适应各种作业场地的能力、工作装置的工作姿态自调整能力，实现清洗机的傻瓜化操作，提高作业效率。

① 研制了具备自动调平功能的清洗机作业平台。在结构方面，通过万向节、车辆纵向轴线对称设置的2个调平油缸可实现在水平面内任何方向的调平。在控制方法方面，2组比例阀交替执行动作，避免了2个调平油缸在执行动作时的相互干涉问题。在支撑方面，车身平台与车辆底盘之间采用3点支撑，简化了太阳能清洗机的安装结构，可以更好地满足不同洁净度的太阳能板清洗要求。

② 研究底盘采用履带式行走系统，通过闭式静液压传动，选择电比例泵配置双挡变量马达带减速器进行驱动。同时研究了采用拖拉机牵引的轮胎式清洗机的底盘行走方式，保证清洗机沿着太阳能板阵列直线行走，其跑偏量<2cm。

③ 实现了作业平台的自动调平，利用三天线高精度北斗导航技术既保证

实现了清洗机作业机组按预定规划路径行走，又保证了高精度的姿态角度检测，从而实现了整个作业平台的水平姿态。

（3）主要元件和参数的匹配选择及优化设计

根据太阳能板清洗机的工作要求，选取各子系统工作压力、流量、行走速度、工作姿态等主要技术参数，选择了行走驱动系统部件、臂架控制执行机构的各液压部件、工作装置各驱动元器件、高端运动型控制器、显示器、各部件传感器等元件。通过建立各系统的数学模型和仿真模型，进一步优化了主要元件的选取和结构设计。

（4）基于系统工程的整车轻量化、整车拓扑优化研究

通过比较履带行走底盘和拖拉机牵引轮胎式底盘，有效减轻了整车质量和产品成本，在操纵臂架结构方面通过采用折叠臂架设计方案，实现了操控臂架构的轻量化。

（5）光伏太阳能板清洗机试验研究

在合作单位搭建光伏太阳能板场地，通过试验，不同工况下分别对清洗工作装置、行走子系统、调平子系统、臂架子系统等各分系统和整个系统进行试验，验证了该装备的整体性能。

1.4 本书主要创新点及先进性

① 利用发动机循环水加热清洗水，实现冬季蓄水池不结冰作业；发动机排气管加热清洗水，蒸汽喷雾清洗，余热参与清洗水加温。同时实现了喷雾压力、流量、浓度的智能调节，利用高压雾化水雾及特殊纹理刮板结构清除太阳能板附着物。通过设计清扫、吸尘、高压雾化、滚刷四级联动太阳能板清洗机，实现高效清洗，达到相对人工清洗节水70%以上，效率提高40～50倍的目标。

② 综合利用液压负荷传感技术、电比例控制技术、压力补偿技术、电子智能化控制技术、融合传感技术等设计太阳能板清洗机智能控制系统，实现利用GPS（北斗）导航定位，保证太阳能板清洗机的自动纠偏能力；车身自动调平以适应各种作业场地；工作装置臂架采用三级折臂，可180°左右回转作业。可以根据光伏太阳能板不同高度和角度，通过双作用液压油缸，实现各级

臂角度、幅度自动和手动调节工作装置的工作姿态自调整能力，实现清洗机的傻瓜化操作，提高作业效率。

③ 通过比较履带行走底盘和拖拉机牵引轮胎式底盘，有效减轻了整车质量和产品成本，在操纵臂架结构方面通过采用折叠臂架设计方案，实现了操控臂架构的轻量化。

第2章

光伏电站太阳能板清洁技术

太阳能是一种可再生的清洁能源，有十分广阔的应用前景。我国近些年来光伏发电产业发展十分迅速，光伏电站太阳能板一般采用晶硅材料，光电转化效率低，灰尘和积垢会使发电效率更低。迄今为止，国内外对太阳能电池片材料的研究水平并不能显著提高光电转换效率，因此若能够对光伏太阳能板进行有效清洁，则在同等装机容量下可以提高光伏电站的发电效率。光伏电站太阳能板，较湿润地区的清洗频率一般为 3～5 月一次，西北等较干燥地区的清洗频率一般为每月一次。从电池板的数量和清洗频率可看出光伏电站太阳能板的清洁市场十分广阔。

太阳能板上的灰尘会降低光伏发电的光电转换效率。特别在光伏发电产业较集中的西北地区，春秋季节沙尘较多，灰尘影响比较严重。灰尘的种类按是否吸收水分主要可以分为两类。

① 浮尘。浮尘并未吸收水分或者被雨水打湿，颗粒较小，容易附着在光伏太阳能板上，附着的过程是一个物理过程。但是与面板之间黏性很小，呈松散状态，比较便于清除。

② 积垢。积垢被雨水润湿或者吸收了空气中的水分，灰尘颗粒受潮后与太阳能板之间的黏性变强，容易吸收空气中的杂质一并黏附在太阳能板上，形态变成点、片、条状，比较坚硬，这种形态的灰尘比较难清除。

目前的光伏太阳能板清洁技术，国内外典型的清洁方式有：传统人工配高压水枪清洗、片上机器人清洁、太阳能板自洁技术、电帘除尘、车载移动式清洗机。

2.1 积灰对太阳能电池板发电效率的影响分析

2.1.1 积灰的来源与形成

积灰是指光伏组件表面长久蓄积的灰尘，而灰尘是由悬浮在空气中的微粒所组成的不均匀分散体系，其颗粒的直径通常小于 500μm。灰尘来源于工业排放物、燃烧烟尘、土壤扬尘等，包括工业过程、建筑施工、交通产生的二次扬尘土，以及沙土、岩石风化后，在空气动力系统的作用下形成的细小颗粒等。另外，生物质也是积灰的重要来源之一，如孢子、花粉、鸟粪等。

积灰按粒径的大小大致可分为两种：粉尘和凝结固体烟雾。粉尘是由于物体粉碎而产生和分散到空气中的一种灰尘；凝结固体烟雾是物质在燃烧、升华、蒸发和凝聚等过程中形成的。在自然因素和人为影响下，动物活动、人为翻动及城市土壤通过刮风、空气流通产生了灰尘，并经过大气沉降，附着在光伏组件表面。由于光伏组件长期在室外暴露，灰尘颗粒经过降雨、露水等作用，变得潮湿从而具有更强的吸附性，会将空气中的物质吸附过来并一起黏附在光伏组件表面，从而形成较难自清洁的积灰，如图 2-1 所示。

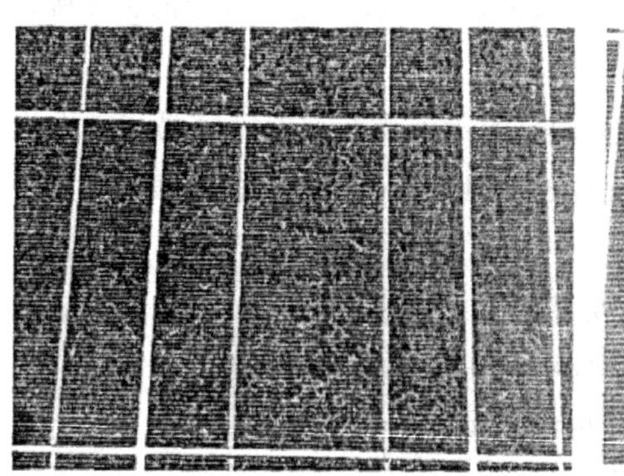

图 2-1 电池板附着的灰尘

2.1.2　积灰对透光率的影响

光伏组件一般由五层构成：钢化玻璃、上层EVA胶膜、太阳能电池片、下层EVA胶膜和TPT背板太阳光照射光伏组件，需要穿透表层钢化玻璃和上层EVA胶膜才能到达太阳能电池片，产生光电效应。表层钢化玻璃用来保护太阳能电池片，具有一定的抗风、抗冰雹强度，透光率一般超过91%；EVA胶膜用来黏结钢化玻璃和太阳能电池片，也具有优异的透光性能，一般在90%以上。如图2-2所示，当光伏组件表面附着灰尘时，灰尘颗粒会对入射的太阳光进行吸收和散射，导致照射到光伏组件面板上的有效面积减小，透光率降低，并使部分入射太阳光在钢化玻璃中的传播均匀性发生改变，从而使发电效率降低，发电量减少。相关研究表明，积灰的沉积浓度越大，光伏组件的实际透光率越低，输出功率越低。

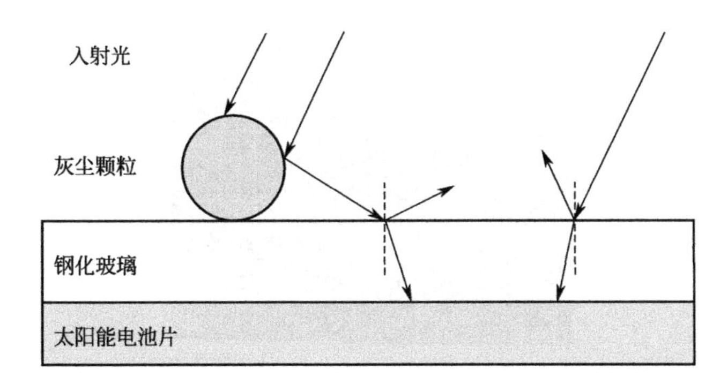

图2-2　灰尘遮挡示意图

2.1.3　积灰对温度的影响

光伏组件表面的积灰不仅会对入射光产生遮挡，还会导致光伏组件的传热形式发生变化。在长期使用中，光伏组件表面难免落上鸟粪、灰尘等遮挡物，这些遮挡物在光伏组件上就形成了阴影。由于局部阴影的存在，光伏组件中某些太阳能电池单片的电流与电压之积会逐渐增大，从而导致被遮挡部分的温度升高远远大于未被遮挡部分，甚至会因温度过高而出现烧坏的暗斑，这种现象叫作热斑效应，如图2-3所示。在光伏组件的实际使用中，若热斑效应产生的温度超过了一定极限将会使光伏组件上的焊点熔化并毁坏栅线，从而导致整个光伏组件报废。据相关数据统计，热斑效应使光伏组件的实际使用寿命减少10%以上，对整个光伏系统也带来了不小的危害。同时，太阳能电池在工作时温度会升高，而附着在光伏组件表面的灰尘会阻挡热量向外传递，形成保温作用，影响光伏发电效率。太阳能电池工作温度每升高1℃，输出功率会降低0.35%。

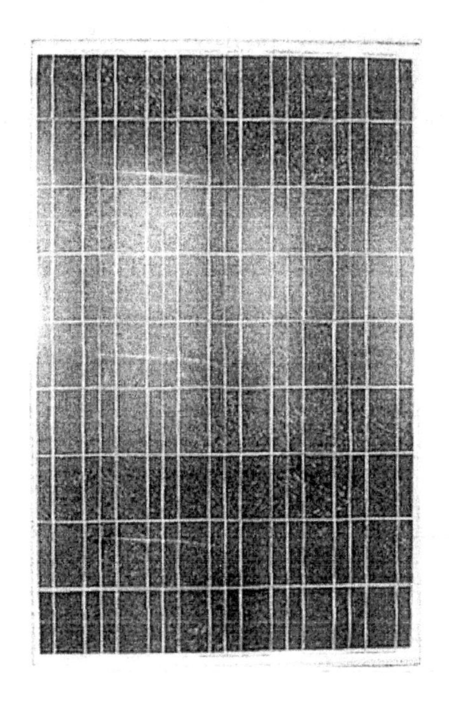

图 2-3 光伏组件热斑效应

2.1.4 积灰对光伏组件的影响

灰尘颗粒由于具有吸附性，与空气中的有害物质结合后，会呈现一定的酸性或者碱性。光伏组件表层钢化玻璃的主要成分是 SiO_2 和石灰石等，当其长期在酸性或者碱性环境的作用下，会逐渐被腐蚀，使得原本光滑的表面形成许多细小凹面，整体粗糙度增大。当太阳光入射时，细小凹面会形成漫反射，破坏了太阳辐射在光伏组件中传播的均匀性，使得反射光能量增大，折射光能量减小，从而导致太阳能电池接收到的辐射能量减少，光电效应减弱，发电效率降低，发电量减少。

2.1.5 影响积灰的因素

积灰在光伏组件表面附着同样也受多种因素影响，包括风速风向、安装倾角、空气湿度、大气污染程度等。一般而言，较高风速下形成的积灰有着更高的透光率；风刮向光伏组件表面时会增大积灰程度，风刮向光伏组件背板时几乎不影响积灰沉积；积灰程度也会随着安装倾角而变化，水平放置时积灰程度最大，太阳光透射率最低；湿度是灰尘颗粒黏附在光伏组件上的前提条件，空气越潮湿会越有利于积灰的沉积与附着；大气污染程度越高，积灰程度越大。

2.2 光伏电站太阳能板积灰形成原因

2.2.1 灰尘来源

灰尘是一种颗粒物，来自大气沉降、城市交通、建筑、工业、表土等所产生的地表颗粒的混合物。灰尘的来源有自然来源和人为来源两种。

(1) 自然来源

灰尘的自然来源主要是土壤和岩石。它们经过风化作用后，分裂成细小的颗粒。在空气动力系统作用下进行灰尘的输送。

(2) 人为来源

灰尘的人为来源比较复杂，主要有工业过程产生的灰尘，建筑施工产生的灰尘，交通产生的二次扬尘，等等。

2.2.2 降尘机理

粒径是表征粉尘颗粒大小的最佳的代表性尺寸。对球形尘粒，粒径是指它的直径。实际的尘粒形状大多是不规则的，一般也用“粒径”来衡量其大小，然而此时的粒径有不同的含义。这里涉及灰尘的沉降，与尘粒在空气中运动的动力密切相关，因此这里的粒径采用斯托克斯粒径。

斯托克斯粒径可以由斯托克斯沉速公式推算得到。斯托克斯沉速公式（Stockes formula）是1850年美国物理学家斯托克斯（G. G. Stokes）从理论上推算球体在层流状态沉速（w）的公式。该公式如下：

$$w=2g(\rho_s-\rho)\mu g r^2 \tag{2-1}$$

式中 ρ_s——颗粒密度；

ρ——水的密度；

μ——流体黏度；

r——颗粒半径；

g——重力加速度。

根据灰尘斯托克斯颗粒粒径大小及其沉降的作用力形式，可以将降尘分为重力降尘和大气飘尘。

（1）重力降尘

重力降尘是指大气中由于自身重力作用而自然降落于地面上的颗粒物，其粒径多在10μm以上。重力降尘的能力虽主要取决于自身密度及颗粒大小，但风力、降水、地形等自然因素也起着一定的作用。

（2）大气飘尘

大气飘尘指粒径小于10μm的尘粒，可长期漂浮于大气中。大气飘尘主要由盐颗粒、土壤颗粒、有机颗粒、煤烟颗粒、工业产生的烟雾颗粒等组成。这些颗粒物由于相互作用，不断发生变化，一部分由于自重随雨水沉降于地面，一部分继续飘浮于大气中。大气中的悬浮颗粒物（$<100\mu m$）有10～30天的停留时间，这些悬浮颗粒或多或少被雨水有效冲刷下来，落到地面或物体上沉积。

2.2.3 积灰形成过程

灰尘主要在自然作用和人为因素影响下，经过高空风力输送、风向、风蚀等自然因素及输送过程中阻碍物（如山脉）作用的影响，再加上人为作用释放的颗粒物，二者相互作用吸附于重力降尘和大气飘尘上，在一定的条件下降落于地面、光伏板上，形成积灰。图2-4显示了积灰的形成过程。

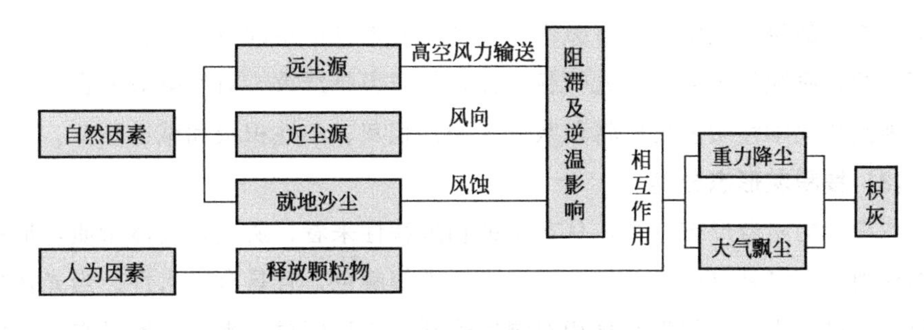

图 2-4 积灰形成过程

2.2.4 积灰类型研究

积灰可以分为很多类，下面根据灰尘对光伏发电工程的影响，从灰尘的物理性质、化学性质和积灰形态对积灰进行分类。

(1) 按物理性质分类

按物理性质分类，灰尘的物理性质有很多，如颜色、粒径、密度、导电性、热导率等。这些物理性质与光伏工程紧密联系的有灰尘粒径和热导率。不同的灰尘其粒径存在着不同，常用粒径分布某一粒子群中，不同粒径所占比例亦称粒子的分散度。灰尘粒径的不同对光伏板的遮挡也不同，因此从遮挡效应来看，可以按灰尘的粒径大小来区分灰尘，则可以分为粗灰尘和细灰尘。不同性质灰尘的热导率也不尽相同，热导率的不同对光伏板的热平衡产生影响，从而使得有积灰光伏板的温度与清洁光伏板温度存在着差异，进而影响发电效率，因此可以从灰尘的热导率方面来分，将灰尘分为强导热灰尘和弱导热灰尘。

(2) 按化学性质分类

按化学性质分类，灰尘的成分比较复杂，有些灰尘化学性质比较不活泼，如黑炭颗粒、碳酸钙和氢氧化铝粉尘等；有些灰尘本身带有酸性，例如硫酸烟雾、光化学烟雾；有些灰尘本身带有碱性，如金属氧化物颗粒、石灰石粉尘、水泥粉尘和许多路尘等。Darley 试验发现，水泥粉尘溶液的 pH 为 12.0，并含有多种金属和 HSO_4 离子，石灰石粉尘中也含有多种无机元素，路尘中含有高浓度的金属盐分，许多未铺砌的道路会产生碱性灰尘。

由于灰尘中的飘尘颗粒多，粒径小，表面积非常大，因此它们的吸附能力很强，可以将空气中的有害物质吸附在它们表面，从而呈酸性或碱性。灰尘中往往含有黏土等物质，会吸收空气中或材料中的水分，使其发生水解反应，分解出胶黏状的氢氧化铝，带有碱性。而灰尘酸碱性的不同对光伏板的腐蚀作用是不同的，腐蚀作用越强，光伏板表面盖板损害越严重，对发电效率也存在影响，因此从化学性质上可以将积灰分为酸性积灰、中性积灰和碱性积灰。

(3) 按积灰形态分类

按积灰的附着形态分类，从灰尘的物理特性来看，灰尘是固体杂质，形状多不规则，大多是有棱角并带有灰、褐、黑等颜色，且具有吸水性。当光伏板表面有大量灰尘，且附近空气相对湿度达到一定程度时，水汽即形成水滴，所以灰尘易被水湿润，也易吸附水分。因此当积灰时，灰尘易吸附水分，就极有可能出现在水分达到一定程度时沿光伏板坡面向下搬运灰尘的情况，这样使得产生积灰的形态不同。光伏板表面灰尘的附着状态对灰尘吹除的难易程度、对光线的遮挡程度都不同，因此可以按积灰附着形态，将灰尘分为干松积灰和黏结积灰，如图 2-5 所示。

① 干松积灰：飞灰的颗粒大部分都很细小，很容易附着到光伏板表面上，形成干松积灰。干松的积聚过程完全是一个物理过程，灰尘中无黏性成分，灰粒之间呈现松散状态，易于吹除。

② 黏结积灰：灰尘颗粒累积在光伏板表面，由于降雨、露水等原因，灰尘颗粒潮湿后，吸附性非常强，这些颗粒就会吸收空气中的物质并黏附在光伏板表面上，从而形成具有较强黏性的灰尘，干后再形成一个坚硬的结晶状外壳，粘贴于光伏板表面。根据擦除程度的难易可以将黏结积灰分为强黏结积灰和弱黏结积灰。

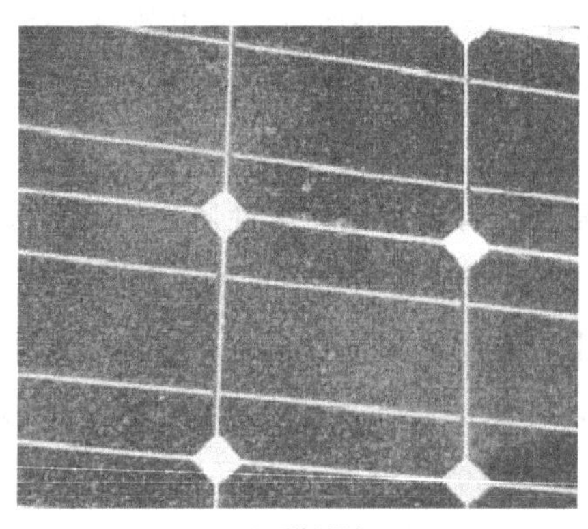

(a) 干松积灰

(b) 黏结积灰

图 2-5 积灰形态

2.3 光伏太阳能电站太阳能板积灰清洁技术

2.3.1 人工高压水射流清洗技术

现在国内许多光伏电站还是采用人工配备高压水枪或者清洗刷的清理方式。这种清洗方式的优点主要是操作简单，无须购买昂贵设备，不污染环境。缺点有：

① 人工高压水枪冲洗的方式对于浮沉的清洗效果比较好，但是对于污垢清洁效果一般，灰尘形成的积垢表面比较粗糙、附着力较强，这种清洗方式难以清除太阳能板上的积垢。

② 耗水量大，水资源利用率低，清洁维护效率低、周期长，无法克服清洁周期内灰尘的影响。

③ 随着人工费逐渐增长，人工清洗费用也不断上涨，且人工清洁并未有确切的规范来保证清洁的质量，有时只是为了形象工程而实行清洁。

目前，光伏组件清洗采用的是人工清洗、高压清洗车清洗，这两种积灰清理技术都有其不同的适用范围和优缺点。

(1) 人工清洗

人工清洗为目前光伏电站采用的比较广泛的一种方式，工作现场如图 2-6 所示。光伏电站雇用清洁工人，用拖把来清理，按照清理一次包干的形式支付给工人费用，工作方式灵活。为了达到清洗效果，工人们会用水来辅助清洗，在光伏板上来回摩擦。这样的清理方式虽然有效，但是存在着以下一些问题。

① 企业为减少投入，工人们都是雇用来的，很多人在工作期间不一定会遵守清理规范，整个清理过程缺少必要的监管，容易导致由于操作不当造成的光伏组件损坏事故。

② 这种清理方式只有建立在消耗大量的人力基础上，才能在短时间内完成清洗，对于一些修建在远离人群密集地的光伏电站来说，短期内很难找到如此多的工人。

③ 工人们为达到清洗效果，必然会选择在白天进行除尘，这样的工作模式无疑会对光伏板的发电过程造成影响。

图 2-6 人工清洗

(2) 高压清洗车清洗

一些规模较大的光伏电站会采用高压清洗车对光伏组件进行清洁（图 2-7），该方式无须大量的人工参与，清洁速度快，能在短时间内进行大面积的光伏组件清洗，效率较高。清理过程当中可以降低光伏板温度，这是对提高发电效率有帮助的一个方面。缺点是：

① 目前很多光伏电站建设在山坡上，间距不等，随山就势，清洗车很难在这样的环境下工作。另外，目前的清洗车还是靠人工控制，清洗车距离光伏组件的间距、喷头距离光伏板的距离等参数都是人为控制，这样会造成因为人工操作带来的清理不彻底问题。

② 清洗车的水压力、出水量会决定清洗效果，对于缺水的地区，这种清洗方式基本是不适合的。另外，光伏发电效率对光线的遮挡很敏感，为了达到清洗效果，清洗车只能是白天作业，晚上休息，由于清洗过程带来的光伏板的遮挡而引起发电输出功率的不稳定，有可能造成更大的光伏组件破坏问题。

③ 由于清洗车本身的技术特点，对光伏阵列间距要求很高。清洗车清洗对光伏板的间距要求很高，要能够适应清洗车辆通过，这无形中造成了巨大的空间浪费。

图 2-7 清洗车清洗

2.3.2 片上机器人清洁技术

片上机器人清洁主要是指一些小型的可以直接放在太阳能面板上的爬壁式智能清洁设备。清洁机器人很难除垢，且对于固定式倾角运行方式的光伏电站，机器人基本不能从一块太阳能板自动换到另一块太阳能板上进行清洁，难以大量投入使用。

随着科技化水平的提高以及互联网技术的突破，国内外的一些企业也研制出了不少用于光伏板积灰清理的机器人（图 2-8）。这种机器人自身携带充电电源，一般都是用额外安装的太阳能板供电，机器人利用内部的毛刷旋转清理掉附着于光伏板表面的灰尘。根据工作原理的不同，有的机器人工作期间需要额外安装导轨，其工作效率会高些，但灵活度较低。另外还有不需要导轨的履带式机器人，工作效率会降低，灵活度相应会提高。

清理机器人存在的不足有如下几点：

① 机器人成本过高，市场上单台清理机器人的售价大概在 1 万元左右。某科技大棚项目初步计算仅清理机器人就需要 237 台，前期投入太大，使一些企业望而却步。

② 机器人频繁地工作，其自身的故障率也会提高，对于一台价格不菲的清洗机器人，其维护成本也让企业无法承受。

③ 这种机器人的基本清灰原理是干式除尘，干式除尘很难将积灰清理到

最佳状态，容易造成表面静电增大，除尘后捕捉的细颗粒灰尘增多。

④ 由于干式除尘是通过毛刷的旋转将灰尘从光伏板上扬起，这样的过程要反复进行，再加上毛刷同积灰之间的摩擦，势必会造成光伏板表面的永久性划伤，从而降低钢化玻璃层表面的透光率，降低发电效率，减少光伏板的使用寿命。

⑤ 对于光伏板上存在的顽固污渍（鸟粪等），只是用单纯的毛刷清除，困难非常大，然而这种顽固的污渍对光伏板的损伤非常容易引起热斑效应，损坏光伏组件。

⑥ 如图 2-8 所示的机器人，效率问题、安全问题以及工作结束后的保管问题都是限制其发展的瓶颈。

(a) 轨道式光伏清理机器人

(b) 履带式清理机器人

图 2-8　光伏板积灰清理机器人

2.3.3 电帘清洁技术

电帘技术（electric curtain technology）利用交变电场驱动微尘定向运动进行除尘，无须清洁用水和清洁工人，且能实现自动高效除尘与防尘（即自清洁功效），不存在除尘死角，对沙漠地区的光伏发电系统具有十分可观的应用价值。

电帘技术的概念最早是由 Tatom 等人在 1967 年的 NASA 探月工程 Apollo 任务报告中提出的。作为一种新型的除尘方式，NASA 在电帘除尘领域做了大量理论和实验研究，形成了电帘技术的基本原理——电帘由一组相互平行的透明导体电极组成。平行电极刻蚀在基底上。接通交变电压激励源后，相邻电极之间将产生行波或驻波电场。单相电帘使用单相激励源，产生驻波电场，也称为驻波电帘；三相或多相电帘使用三相或多相激励源，产生行波电场，称为行波电帘。行波或驻波电帘利用行波或驻波电场驱动微尘颗粒做定向运动，从而清除微尘颗粒。通过设计合适的电帘参数，利用电场力和水平方向的介电泳力作为驱动力，控制微尘颗粒的受力和运动，实现定向输运。

自 Masuda 等人证明行波电帘能有效实现微颗粒物的定向输运，而驻波电帘只能使颗粒起跳并悬浮于空中来回移动而不能定向运动（不产生水平净位移）后，电帘技术的研究热点便主要聚集在行波电帘之上。Dudzicz 等人在试验研究中也观察到微尘颗粒在行波电场中的定向输运和驻波电帘中的水平往复运动。于是，在颗粒物质的运动控制与除尘领域，当时的研究重点在行波电帘上，而驻波电帘则主要用于微颗粒物的收集等方面。然而，随着研究的不断深入，驻波电帘技术也取得了很大的进展，Hemstreet 等人在试验过程中成功实现了微尘颗粒运动的两种不同运动模式：在第一种模式下，微尘颗粒起跳后始终驻留在两相邻电极之间水平往复运动，无法跨越相邻电极实现净输运；但在第二种模式下，微尘颗粒成功跨越了相邻电极，实现了定向位移。同时，还发现以第二种运动模式运动的微尘颗粒一般起跳高度也更大。随后，Sims 等人以及 Atten 等人也通过试验证实了驻波电帘同样能够有效定向输运微颗粒物。近年来，清华大学 G. Liu 等人、北京理工大学孙旗霞等人也在驻波电帘领域做了大量的理论与试验研究工作，成功实现了驻波电帘的定向输运，并取得了很好的除尘效果。各种电帘结构见图 2-9。

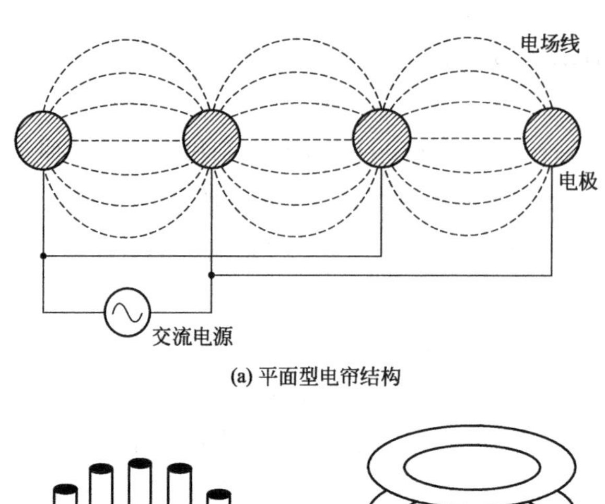

(a) 平面型电帘结构

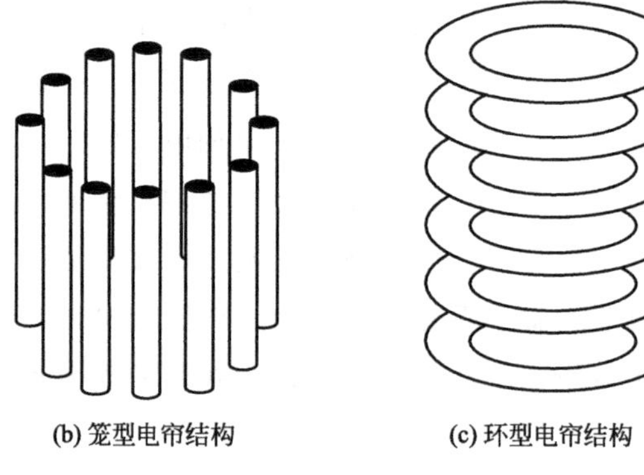

(b) 笼型电帘结构　　(c) 环型电帘结构

图 2-9　电帘结构

2.3.4　车载移动清洗技术

我国西部地区是大型光伏电站的主要建造地区，大多数光伏电站太阳能板都采用固定式倾角安置，但是西部地区普遍水资源匮乏，沙尘较大，自然条件比较恶劣，而且光伏电站所在地一般比较偏远。出于对以上几种因素的考虑，车载移动式清洗设备比较能够适应这种恶劣的自然环境。这种清洗方式的优点有以下几点。

① 清洗车的机械部分可以折叠起来，在不进行清洁的时候机械装置可以收入清洗车中，不会影响车辆的正常行驶。

② 所用的水只占高压水清洗方式的 1/3 左右。

③ 在清洗车进行清洁时，对不同的太阳能板能够进行角度和高度的调节，不必耗费大量人力。

④ 可以对浮尘和积垢进行有效的清洗，除尘除垢率均达95%以上，还能有效去除鸟粪等较顽固污渍。

⑤ 机械臂具有一定柔性，主要体现在行驶路面平整度和移动车行驶路线方面，一旦出现路面高低不平和行驶偏离既定路线等情况，控制系统就会实时调整工作位姿，使清洗滚始终贴在板面上进行清洗。由以上分析可以看出，这种清洗方式比较适合我国大型光伏电站太阳能板的清洗。

这种车载移动式清洗机工作过程大致如下。

① 首先，人工在车内对机械臂发出控制指令，机械臂下臂装配的气缸使下臂展开，然后通过上臂电机使上臂伸出，再通过清洗头上面装配的气缸将机械臂倾斜到指定的角度，使清洗刷头与太阳能板贴合。

② 启动喷水电机，控制喷水和加清洗液，同时电机带动清洗刷头在太阳能板上运转揉擦进行清洗。

③ 驾驶员控制汽车缓慢前行，直流电机带动毛刷按设定的速率转动；在毛刷对太阳能板进行清洁时，供水环节也会同时喷水。通过这种冲刷方式可以有效地对太阳能板进行清洁，能够达到同时清除浮尘和积垢的效果。

2.4 光伏太阳能板灰尘黏结机理

有关学者认为，物体表面都存有表面自由能，有的物质表面的自由能较高，而有些表面自由能相对较低。表面能相对较高的表面非常不稳定，很容易吸附其周围的一些粒子来降低它表面的自由能，从而使表面变得相对稳定。

$$W=\frac{G^S}{A}-\frac{N^S}{A} \tag{2-2}$$

式中 $\frac{G^S}{A}$——物质表面自由能；

$\frac{N^S}{A}$——物质内部自由能；

W——过剩自由能，表示物质黏附能力的强弱。

根据宏观物体间相互作用表面能的关系，由 Derjaguin 近似法，现假定灰尘颗粒是球形颗粒，密度均匀；电池板是光滑平板且密度均匀，则灰尘颗粒与电池板宏观相互作用力与表面能的关系为：

$$F_Z=\frac{dW}{dZ} \tag{2-3}$$

式中　Z——灰尘颗粒与电池板表面间距，m；

W——将灰尘颗粒与电池板从相距 Z 推到无穷远时所需的可逆功，即黏附功，J/m^2；

F_Z——灰尘与电池板表面间的相互作用力。

光伏板表面的灰尘共受到来自灰尘与光伏板宏观分子间的范德华力、灰尘与光伏板间的静电作用力及灰尘自身的重力，积灰荷载如图 2-10 所示。灰尘在没有外力的作用下，受到几种力的综合作用。若要将灰尘从光伏板表面除掉，不论是水射流的打击力还是干式除尘滚刷对灰尘的推力，都必须要大于灰尘同光伏板间的这种综合力 F_Z。

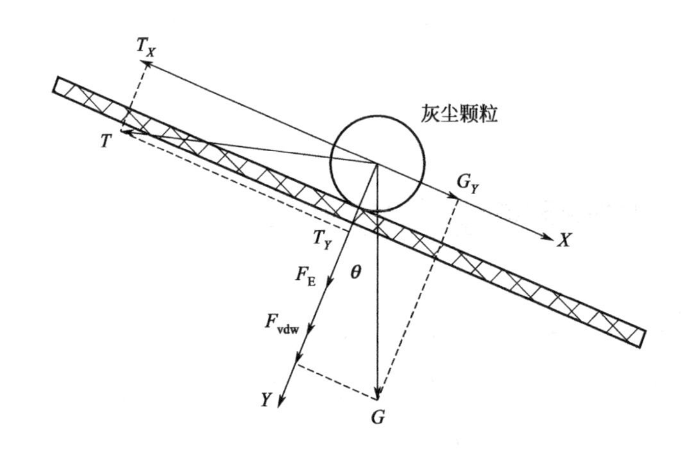

图 2-10　积灰受力示意图

$$F_Z=G_Y+F_{vdw}+F_E T_Y \tag{2-4}$$

式中　F_Z——灰尘黏附力的合力；

G_Y——灰尘在 Y 方向所受到的重力分力；

F_{vdw}——范德华力；

F_E——灰尘所受到的总静电力；

T_Y——灰尘之间的相互作用力在 Y 方向的分力。

F 的取值一般为 10^{-10}～10^{8}N。

2.4.1 范德华力

灰尘颗粒半径越大，范德华力也越大，灰尘颗粒半径的变化对范德华力影响不如分子间距的变化对范德华力的影响明显，即分子间距对范德华力影响相对较大。随着分子间距的增大，灰尘与电池板间宏观分子间的范德华力急剧减小，灰尘在电池板上所受的宏观分子间作用力即范德华力的平均取值大小为 10^{-11}～10^{-9}N。

2.4.2 灰尘所受到的总静电力

灰尘所受的静电力包括镜像静电力、双电层静电力、电场力。

(1) 镜像静电力

灰尘颗粒带有一定量电荷，与同时带有一定量电荷的电池板接触后会产生静电作用力。颗粒附着在平面上的静电力有 2 种形式。其中一种是由于灰尘颗粒上剩余电荷产生的“镜像”静电力，即假设与灰尘颗粒对应的电池板表面视作一个与之相同的灰尘颗粒，如图 2-11 所示，微米级灰尘颗粒较小，带电量的多少主要取决于灰尘颗粒半径的大小。分子间距增加，镜像静电力稍有增加，增量较小，这是由于 Z_0 变化曲线比较集中，对镜像静电力影响不大。随着 R 的增加，有效间距 $2R+Z_0$ 变大，镜像静电力会随着灰尘颗粒半径 R 的增加而增大，而分子间平均间距 Z_0 对镜像静电力影响不大，一般微米级灰尘颗粒所受的镜像静电力约为 10^{-12}N。对于较大的灰尘颗粒，比电荷 α 会随着灰尘颗粒半径的增大而减小。镜像静电力的取值范围为 10^{-14}～10^{-12}N。

(2) 双电层静电力

对于灰尘颗粒而言，另一种形式的静电力为静电接触电位引起的双电层静电力。由于不同的能量状态和功函数，灰尘与电池板表面接触会产生接触电势。电子从一个物质转移到另一个物质直到达到平衡时，电流在 2 个方向上相等，此时产生的电势差叫作接触电势差。其随着灰尘颗粒半径变化，变化很小。灰尘颗粒半径 R 的变化对双电层静电力的影响不大；双电层静电力随着电势差 U 的增大而增大。一般双电层静电力取值在 10^{-13}～10^{-12}N 之间。

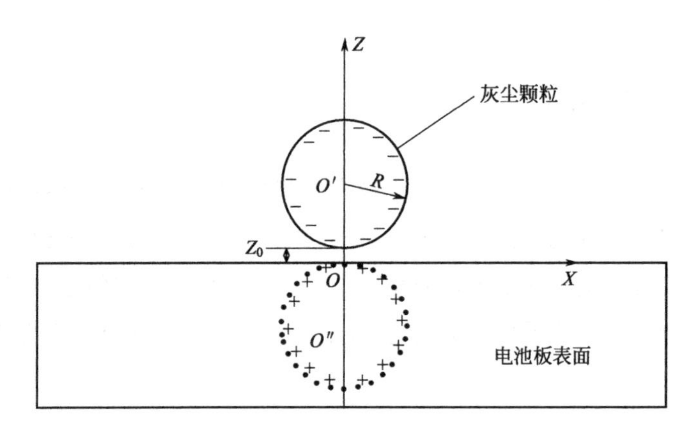

图 2-11 镜像静电力示意图

(3) 电场力

考虑电池板相对于灰尘颗粒是一个近似无限大的平面，即电池板可看作是一个半径无限大的圆盘，电场力 F_E 与灰尘带电量呈简单的线性关系，灰尘带电量越大，电场力也越大。电场力的数量级约为 10^{-13}N。电场强度 E 与灰尘颗粒半径 R 无关，但由经验表明，灰尘带电量随灰尘颗粒半径 R 的增大而增大，因此电场力 F_E 随灰尘颗粒半径的增大而增大。

2.4.3 灰尘颗粒重力作用

一般电池板与地面成一定角度放置，设该角度为 θ。灰尘与电池板间的范德华力、静电作用力都是垂直于电池板表面向下，而净重力是竖直向下，则净重力与范德华力、静电力之间也成 θ 夹角，它们的位置关系如图 2-12 所示。

图 2-12 中的 F_E 表示各静电力的矢量和，即总静电力 F_E 由如下表达式给出：

$$F_E = F_{es} + F_{el} + F_e \tag{2-5}$$

F_E 的数量级由 3 种静电力的大小决定，由前面的分析可知 F_E 取值 $10^{-13} \sim 10^{-12}$N，可知灰尘所受的范德华力要大于灰尘所受的静电作用力。由图 2-12 可得重力在 Y 方向分量 G_Y 表达式：

$$G_Y = G\cos\theta \tag{2-6}$$

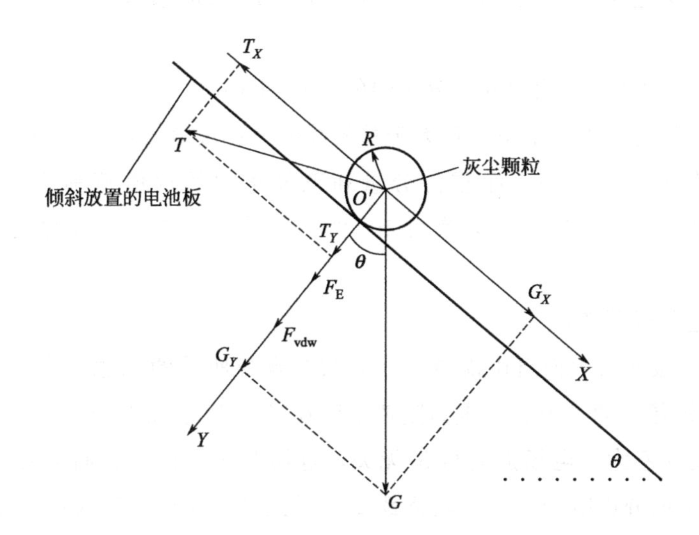

图 2-12　灰尘颗粒受力示意图

2.4.4　灰尘颗粒合力作用

考虑灰尘颗粒之间也存在相互作用力 T（包括压力、支持力、范德华力、静电力、摩擦力等）。该相互作用力可在图 2-12 所示的 X、Y 方向上分别分解为 T_X 和 T_Y。由灰尘颗粒受力平衡可知，在 X 方向上 T_X 与 G_X 相等，其大小随灰尘颗粒半径的变化而变化。在 Y 方向上，由图 2-12 可以得出灰尘颗粒在电池板表面垂直的方向上所受的合力 F_Z。

由于范德华力要远大于静电作用力，灰尘净重力随灰尘颗粒半径的增大而迅速增大，增速明显快于随灰尘颗粒半径线性变化的范德华力。起初范德华力大于净重力分量，范德华力是主要黏附力；灰尘颗粒半径在约 $10\times10^{-6}\sim20\times10^{-6}$m 时，范德华力和净重力分量对合力的影响都比较大；随着半径的增大（大于约 20×10^{-6}m），净重力分量大于范德华力，净重力分量逐渐起主导作用。当灰尘颗粒半径较小时，R 小于约 10×10^{-6}m 时，合力 F 数量级由范德华力数量级决定，所取的数量级约为 10^{-10}N；灰尘颗粒半径 R 在 $10\times10^{-6}\sim20\times10^{-6}$m 之间时，$F$ 数量级由范德华力和重力同时决定，取值范围约为 $10^{-10}\sim10^{-9}$N；灰尘颗粒半径较大时，R 大于约 20×10^{-6}m 时，合力 F 数量级由净重力的分量的数量级决定，取值范围约为 $10^{-9}\sim10^{-8}$N。因此可知，在所有灰尘颗粒半径取值范围内，合力 F 的取值范围一般在 10^{-10}～10^{-8}N之间。

当分子间平均间距取 SiO_2 分子间的平均间距时，大部分灰尘颗粒所受的净重力分量先是小于范德华力且大于总的静电力；灰尘颗粒半径增大后，净重力分量又大于范德华力；净重力分量和范德华力的取值范围均为 10^{-10}～10^{-9}N，且由于总的静电力取值为 10^{-13}～10^{-12}N，所以二者均大于总的静电力。

由上述分析可知：

① 电池板相对表面自由能越大，对灰尘颗粒所受的范德华力也越大；范德华力、“镜像”静电力、净重力随灰尘颗粒半径 R 增加而增大；R 增加，双电层静电变化不大，电场强度与 R 无关，电场力随 R 的增大而增大。

② 灰尘成分影响分子间平均间距 z_0，范德华力随 z_0 增大而减小，z_0 的变化对镜像静电力和双电层静电力的影响不大，净重力与电场力的变化与 z_0 的变化无关。

③ R 较小时，范德华力＞净重力＞静电力；R 较大时，净重力＞范德华力＞静电力。灰尘在电池板表面的黏附力随灰尘颗粒半径的增大而增大，其取值范围为 10^{-10}～10^{-8}N。

第3章

太阳能板清洗机工作装置关键技术研究

太阳能清洗机还存在着如下问题：以水为清洗介质的太阳能清洗机，因大量用水、效率低下，不适合高原缺水地区使用，特别在我国西北缺水地区，远程拉水，难以适应当地实际环境；以空气为介质的太阳能板清洗装置，移动能力差，每排太阳能板阵列都需要安装一套清洗装置，初次投资成本大，无法推广。总之，工作装置或喷水刷洗，或滚刷吸尘，均功能单一，不适合不同污染情况下的作业需求，调平效果差而导致清洗不均匀等。

3.1 清扫、吸尘、高压雾化、滚刷四级联动太阳能板清洗装置研究

鉴于太阳能发电技术的特点，在西北广袤的沙漠地带，广泛应用了光伏太阳能发电系统。由于西北地区干旱且沙漠化的原因，光伏太阳能发电板表面经常附着大量的沙尘，影响了发电效果。因此，光伏太阳能板的除尘清洁工作势在必行。目前，太阳能板的清洗工作只能通过人工来完成，费时费力且浪费水资源。

如图 3-1 所示的四级联动太阳能板清洗装置具有节约水资源、智能化控制、节约人力资源的特点。本装置包括摄像头、图像分析仪、编码器、多路阀、喷头、盘刷、硅胶刮板、传感器等。其中，多个盘刷组成一个大刷头，简

称刷头。刷架上安装摄像头，摄取画面信息传输给图像分析仪，分析结果传给电子编码器。根据分析结果，编码器输出响应指令给电磁多路阀，例如表面有大量灰尘，需要适量的清洗剂辅助以便于清洗，此时控制一级喷头的电磁阀（简称喷头电磁阀）通电，阀门打开喷头喷出水雾或者半水半水雾或者水（根据图像分析仪的结果而定）。喷头电磁阀通电时，控制刷头和吸尘嘴的电磁阀（简称刷头电磁阀）通电（可以通过调整时间继电器来控制提前通电或延迟通电），刷头转动将浮尘等刷向吸尘嘴将其吸走。刷头侧面的硅胶隔板既起到向前推动浮尘，又隔绝隔板后面灰尘的作用，而且保证碰头喷出的水作用于盘刷附近。到此为止，基本完成清洗工作，摄像头反馈图像信息给图像分析仪，分析仪的结果传输到编码器上，编码器再次发出动作信号给控制二级喷头的电磁阀，确定二级喷头喷水量；摄像头再次提取图像资料传到图像分析仪分析，分析结果决定是否进行重复清洗。

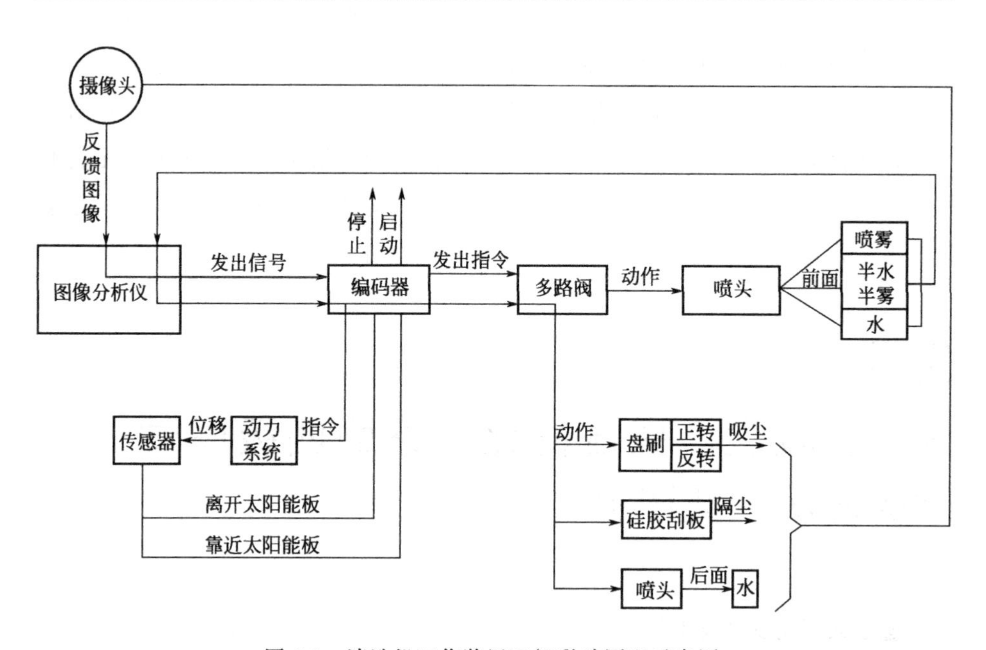

图 3-1　清洗机工作装置四级联动原理示意图

当刷头离开太阳能板时，刷头两端的传感器将“即将离开太阳能板”的动作信号传输给编码器，由编码器发出刷头停止动作的信号，同理，当刷头接近太阳能板时，刷头两端的传感器将“接近太阳能板”的信号传输给编码器，由编码器发出刷头启动动作的信号。

由图 3-2 可见，多个盘刷呈一字形排列，盘刷之间的距离相等。左边的是反转电机 1，右边的是正转电机 5，盘刷之间由 V 形带连接。左起第一个盘刷通过反转带 2 连接到第三个盘刷，第二个盘刷通过正转带 3 与第四个盘刷连接，以此类推。图 3-3 表示了盘刷与喷头、吸尘嘴、刮板的相对关系，在盘刷的左侧是一级喷头，右侧是吸尘嘴，也就是说每两个盘刷之间设计一个吸尘嘴。硅胶刮板和二级喷头在盘刷的后面，与一字形刷头平行。

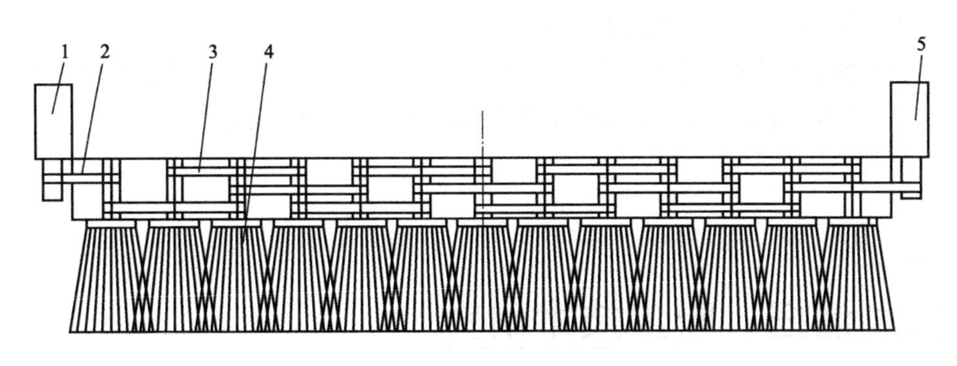

图 3-2 清洗机工作装置盘刷“刷头”

1—反转电机；2—反转带；3—正转带；4—盘刷；5—正转电机

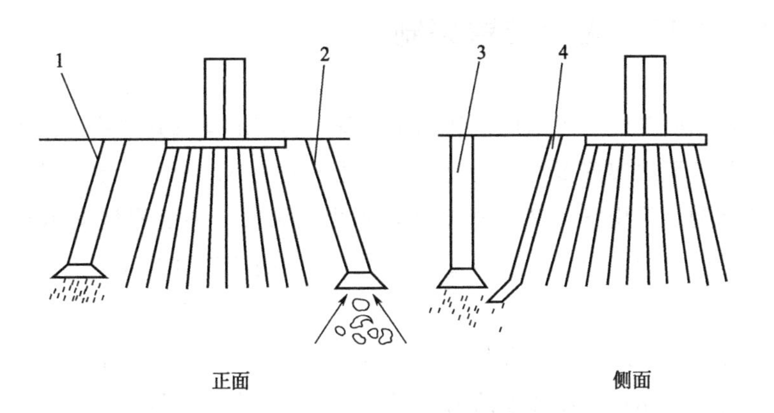

图 3-3 清洗机工作装置单个盘刷结构

1——一级喷头；2—吸尘嘴；3—隔尘板；4—二级喷头

由于每两个盘刷都是一个正转一个反转，因此在吸尘嘴所覆盖范围内，两边盘刷刷起的浮尘运动轨迹一致，便于吸尘嘴将杂物吸走。刷头一侧的硅胶刮板阻挡了浮尘向已清洁面的飞溅，与正反转盘刷组成了一个三角屏障，便于吸尘嘴对杂物进行收集。

总结：

① 盘刷清扫、吸尘、刮尘、喷雾冲洗多级复合清洗，并可根据污染程度经图像分析后自动调节多级还是单级清洗，清洗效果好，智能化程度高。

② 根据太阳能板需清洁的程度（图像分析），一级、二级喷头可以智能变换喷出三种状态的清洗剂，即高压空气状态、高压水雾状态、高压水状态，在确保清洗效果的前提下，节约了水资源。

③ 双马达控制多刷、相邻盘刷正反转的安装方式，配合硅胶刮板的应用，简化了控制系统结构，提高了高效吸尘效率。

④ 前、后喷雾：前喷雾将较大沙尘分离，实现了预湿，降低了浮尘附着力；后喷雾将清扫、吸尘后的残留物进行清除，清洗效果更好。

3.2 滚刷清扫、吸尘技术研究

3.2.1 清扫、吸尘装置研制

现有清扫刷多应用于扫地机和洗车设备，随扫地车或其他移动设备往正前方移动清扫，无法实现多方向作业。切壳体多为整体结构，拆装维护不便。为解决上述问题，采用滚刷离心式结构，吸尘效果好。加装回转支承和回转接头，风口处于上壳体中心位置布置，可以实现滚刷旋转时的吸尘。由四面护风板和上下壳体形成相对封闭的空间，有利于提高吸尘真空度，增强吸尘效果。

上下壳体分体式结构，拆装维护便利。由芯管、蹄形铁、下边框、前后弧板焊接成的下壳体在保证强度的前提下，降低了下壳体重量。

如图 3-4 所示，该装置由前护风板 1、前下边框 2、前弧板 3、芯管 4、螺栓 5、上壳体 6、螺栓 7、涡轮式回转支承 8、回转接头 9、后弧板 10、后护风板 11、固定架 12、液压马达 13、左轴承 14、左护风板 15、右轴承 16、右护风板 17、滚刷组件 18、左右上筋 19、蹄形铁 20 等组成。前下边框 2、前弧板 3、芯管 4、后弧板 10、左右上筋 19、蹄形铁 20 等焊接为一体，组成下壳体。上壳体 6 与下壳体用螺栓连接为一体，与前护风板 1、后护风板 11、左护风板 15、右护风板 17 围成一个相对封闭的空间。滚刷组件 18 通过左轴承 14、右轴承 16 安装在下壳体内，在液压马达 13 的驱动下顺时针运转。滚刷组件 18 在下壳体中心偏后位置，与前弧板 3 和后弧板 10 形成不相等的两个气室，前气室大、后气室小，滚刷组件 18 在运转过程中将沙尘扫起并随滚刷组件 18 顺时针被带起运转，在经过上壳体 6 中心孔时，在离心力和由回转接头 9 来的吸风机吸力作用下被洗出，完成清扫作业。

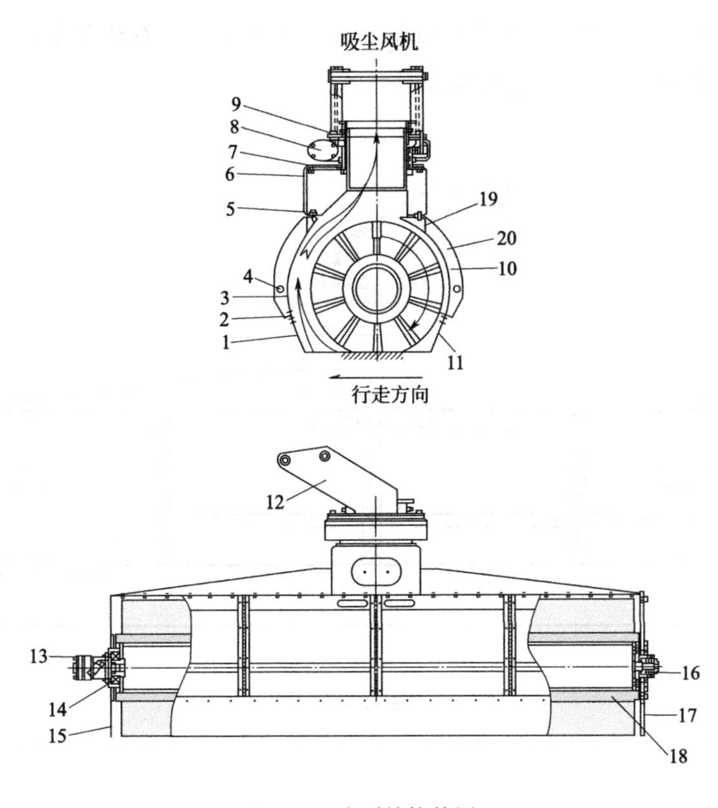

图 3-4 滚刷结构简图

涡轮式回转支承 8、回转接头 9 下部与上壳体 6 连接，上部与外部控制系统固定架 12 连接，涡轮式回转支承 8 可在本体所带马达的驱动下做任意角度旋转，从而实现在固定架 12 位置不动的前提下，滚刷的多角度、多位置作业。回转接头 9 可实现在滚刷转动的情况下，确保任意角度时吸尘风机的吸尘。

3.2.2 清洗机滚刷支撑技术研究

洗车机滚刷承受单向轴向力和径向力。根据光伏太阳能板成一定角度朝阳光矩阵排列，清洗机需往返作业，滚刷需适应光伏太阳能板倾斜一定角度，并旋转180°作业，滚刷支承需同时承受径向力和双向轴向力，本研究采用两端各排列双列圆锥滚子轴承和深沟球轴承的结构，具备结构紧凑、止推效果好等特点。

滚刷支撑工作原理：如图3-5所示，由液压马达3、左轴承座4、深沟球轴承5、右侧板7、滚刷组件6、右侧板固定板8、右侧板9、右滚筒内侧板11、右轴承座13、双列圆锥滚子轴承15、右轴承盖16、右轴焊合17、锁帽及垫18、隔套19、油封20等组成滚刷支撑。

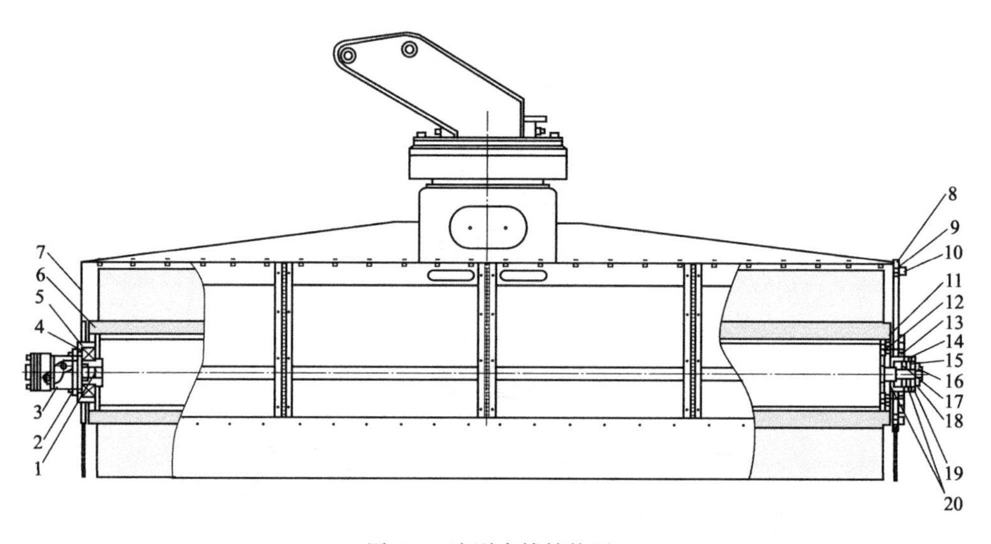

图3-5 滚刷支撑结构图

1—花键毂；2—左轴承盖；3—液压马达；4—左轴承座；5—深沟球轴承；6—滚刷组件；7—右侧板；8—右侧板固定板；9—右侧板；10,14—螺栓；11—右侧筒内侧板；12—螺栓紧固件；13—右轴承座；15—双列圆锥滚子轴承；16—右轴承盖；17—右轴焊合；18—锁帽及垫；19—隔套；20—油封

液压马达3通过螺栓2固定在左轴承座4上，与滚刷组件6通过花键毂1连接，左轴承座4焊接在右侧板7上，与滚刷架固定为一体。滚刷组件6左端通过花键毂1和深沟球轴承5装配在左轴承座4内。滚刷组件6右端通过右轴焊合17、双列圆锥滚子轴承15、右轴承座13、右轴承盖16、隔套19、锁帽及垫18装配在右侧板9上，右侧板9通过螺栓10固定在右侧板固定板8上，右侧板固定板8与滚刷架焊接为一体，从而实现滚刷组件6右端在滚刷架上的装配。液压马达3运转，可以通过花键毂1驱动滚刷组件6运转。

右侧板固定板 8、右侧板 9 为分体结构，便于滚刷组件 6 的拆装. 右轴承座 13 焊接在右侧板 9 上，右轴焊合 17 通过双列圆锥滚子轴承 15 实现了在右侧板 9 上的支承。通过右轴承盖 16、螺栓 14、隔套 19、锁帽及垫 18 实现了双向止推。双列圆锥滚子轴承 15 装配时涂满润滑脂，油封 20 实现了双列圆锥滚子轴承 15 润滑的密封。

总结：

① 左侧应用双面封预润滑深沟球轴承。右侧使用双列圆锥滚子轴承，通过右轴承座、双列圆锥滚子轴承、右轴承盖、右轴焊合、锁帽及垫、隔套、油封等形成密闭润滑室，通过涂抹润滑脂实现双列圆锥滚子轴承润滑，润滑、密封可靠。

② 左右侧均为滚动轴承支承，摩擦阻力小。

③ 液压马达花键轴不承受径向力，延长了使用寿命。

④ 双列圆锥滚子轴承结构紧凑，双向止推作用可靠。

⑤ 右侧板固定板、右侧板为分体结构，便于滚筒组件的装配、维护。

3.3 光伏太阳能电站清洗机蒸汽清洗技术研究

使用高压热蒸汽清洗可有效清除光伏太阳能板灰尘、积垢，高压蒸汽喷雾清洗实现了节水。据有关蒸汽洗车资料介绍节水可达 90%以上，清洗效果远高于喷水擦洗，可大幅提高作业效率。发动机余热二次利用，相对用电加热实现了节能减排，保证清洗水不结冰，解决了冬季无法用水清洗的难题；采用电气伺服系统控制水泵流量，实现了喷雾压力、浓度、流量的自动调节。

工作原理：如图 3-6 所示，光伏太阳能板 2 通过支架 1 固定在地面上。整个清洗系统安装在清洗车上，在随清洗车行走过程中完成清洗作业。高压热蒸汽清洗系统由发动机冷却系统、高压喷雾系统和控制系统组成。

发动机冷却系统：完成对清洗水的加温，实现冬季作业。发动机 17 供清洗车行走和提供其他装置动力。发动机冷却系统由温控风扇 19 和循环水系统组成。循环水系统包括水泵 20、节温器 21、回水管 22、加热管 5、放水阀 23、水箱盖 24、吸水管 18 等组成，由水箱盖口注满循环水。低温启动发动机 17 后，发动机循环水温度较低，温控风扇 19 不运转，节温器 21 关闭，循环水大循环管路封闭，循环水经水泵在发动机内部小循环，迅速提高发动机 17 温度。发动机 17 正常运转，循环水温度上升到一定程度，温控风扇 19 运转，对发动机 17 起到风冷作用。节温器 21 开启大循环管路，同时关闭小循环。循环水经吸水管 18 吸入水泵 20，排入发动机 17 冷却水套，经节温器 21、回水管 22、加热管 5 回到吸水管 18，形成大循环。在经过加热管 5 时，完成对蓄水器 4 内的清洗水加热，保证寒冷季节不结冰。当发动机 17 循环水温度较低时，循环水重新开始小循环。

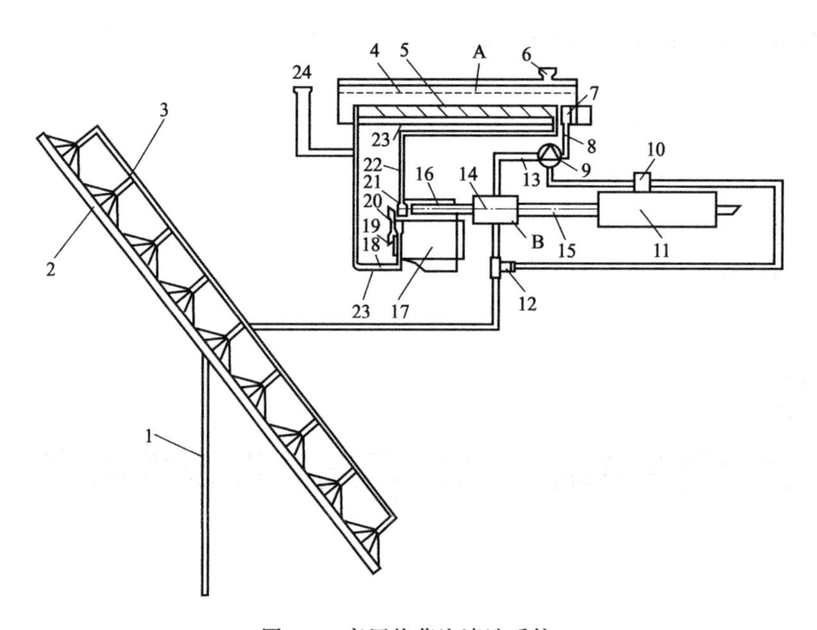

图 3-6　高压热蒸汽清洗系统

1—支架；2—光伏太阳能板；3—喷嘴组件；4—蓄水器；5—加热管；6—水箱盖；7—过滤器；8—进水管；9—电气伺服水泵；10—控制器；11—尾气处理装置；12—压力传感器；13—单向阀；14—蒸汽发生器；15—排气管；16—进排气歧管；17—发动机；18—吸水管；19—温控风扇；20—水泵；21—节温器；22—回水管；23—放水阀；24—水箱盖；A—蓄水器内腔；B—蒸汽发生器夹层

高压喷雾系统：储存足够数量清洗水，并将清洗水变为高压蒸汽实现对光伏太阳能板的清洗。由蓄水器 4、过滤器 7、进水管 8、电气伺服水泵 9、单向阀 13、蒸汽发生器 14、压力传感器 12、喷嘴组件 3、放水阀 23、发动机 17 的进排气歧管 16 和排气管 15 等组成。蓄水器 4 用来储存经过软化处理的清洗水，以防止出现水垢和酸、碱性腐蚀。进水管 8 端口连接过滤器 7，过滤器 7

用于过滤清洗水杂质。进水管8端口高出蓄水器4底面h高度，保证蓄水器4内清洗水一定水面高度，确保发动机17大循环散热需要。电气伺服水泵9由伺服电机驱动水泵运转，将清洗水由蓄水器4经过滤器7、进水管8吸入，喷入蒸汽发生器14。蒸汽发生器14装在排气歧管16和排气管15之间。压力传感器12用来控制蒸汽发生器14内蒸汽压力。喷嘴组件3将高压蒸汽喷出，清洗光伏太阳能板2。

进行清洗作业时，操作控制器10，接通电气伺服水泵9电路，电气伺服水泵9运转，清洗水由蓄水器4经过滤器7、进水管8吸入，喷入蒸汽发生器14B腔，在排气管数百摄氏度高温的加热下变为蒸汽，当蒸汽压力达到设定值时，打开压力传感器12进入喷嘴组件3，由数个喷嘴以高压雾状喷出，实现光伏太阳能板2的清洁。

控制系统：根据需要调节喷雾压力、浓度和流量。由电气伺服水泵9、压力传感器12、控制器10及电源、线路组成。电气伺服水泵9由伺服电机和水泵组成，可根据需求流量供水。压力传感器12可将设置的压力、浓度和喷雾流量信号传递给控制器10，由控制器处理后通过电气伺服水泵9的伺服电机控制水泵泵水流量，实现喷嘴组件3对喷雾压力、浓度和流量的需求。

单向阀13防止高压蒸汽倒流，放水阀23用于放掉蓄水器4和发动机17的循环水及污垢。水箱盖24和6用于加注循环水和清洗水，具备双向阀功能。循环水系统或蓄水器内压力高于或低于设定值时，可排出蒸汽和吸入空气，保证系统不因压力过高造成泄漏、压力过低造成吸空而影响正常工作。水箱盖24和6位置应高于液面位置，以确保循环水系统充满和满足蓄水器液面高度需求。

3.4 折叠摆动臂和吸尘排尘装置

目前的清洗设备多以固定臂喷水清洗和刷洗为主，难以实现不同角度、不同高度太阳能板的清洗作业需求；风机和排尘管道都是放置在臂的外部，这样不仅臂看上去丑陋笨重而且管道的寿命会大大降低；很多清洗设备都是将灰尘直接排出，这样会造成对太阳能板的二次污染；而有的清洗机是把灰尘直接排到蓄尘器内，但是蓄尘器内的灰尘还要进行二次处理。

应用折叠摆动臂技术可实现清洗装置与太阳能板角度和高度的自动调节，通过左右摆动可实现左右方向作业，臂末端摆动可实现清洗装置纵向和横向作业。旋刷清扫加吸尘可有效清除沙尘，而排尘口直接将吸尘器吸出的沙尘排入地面，省去了蓄尘器，结构紧凑，并用水气雾压尘，防止了沙尘飞溅导致太阳能板二次污染。应用折叠摆动臂技术，采用齿轮齿条传动，传动精度高，摆动角度还可以采用不同的齿轮齿条进行调节。现在的清洗机很多都是以固定臂喷水清洗和刷洗为主，难以实现不同角度、不同高度太阳能板的清洗作业需求。

风机管道和排尘管道设置在臂的内部，避免了日光照射造成的早期老化，这样整个结构紧凑、美观大方，而且可以大大提高风机管道和排气管道的使用寿命。

灰尘经过高压喷雾器直接被压到地面，避免了灰尘的二次污染，省去了蓄尘器及对灰尘的二次处理。

如图 3-7 所示，太阳能电板清洗机工作装置的原理如下。

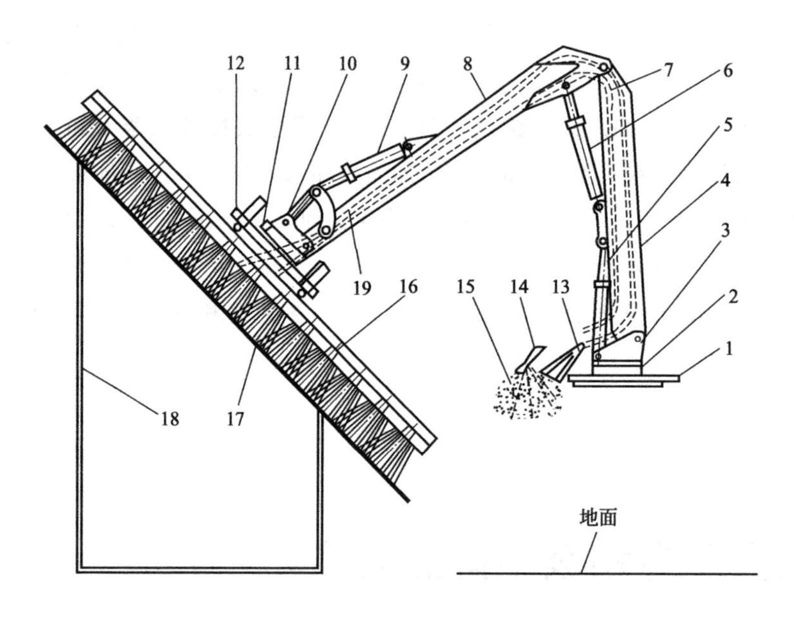

图 3-7 折叠摆动臂、吸尘、排尘装置

1—车身总成；2,11—齿轮齿条传动机构；3—连接体；4——臂；5——臂油缸；6—二臂油缸；7—风机管道；8—二臂；9—四杆机构油缸；10—四杆机构；12—头部微调机构；13—吸尘器；14—高压喷雾器；15—灰尘；16—毛刷；17—光伏太阳能板；18—光伏太阳能电支架；19—排尘管道

清洗机工作装置包括：车身总成、齿轮齿条传动机构、连接体、一臂、一臂油缸、二臂油缸、风机管道、二臂、四杆机构油缸、四杆机构、头部微调机构、吸尘器、高压喷雾器、灰尘、毛刷、排尘管道。

光伏太阳能板清洗机的工作装置中，齿轮齿条传动机构 2 可以实现整个臂的左右摆动，齿轮齿条传动机构 11 可以实现臂末端头部微调机构的纵向和横向作业，一臂 4、二臂 8、一臂油缸 5、二臂油缸 6 实现整个臂的折叠，这样就可以实现清洗装置与太阳能板角度和高度的自动调节。

太阳能板清洗机的灰尘是通过吸尘器吸尘后排出，利用高压喷雾器将排出的灰尘与喷雾器喷出的水雾接触后，灰尘就不会到处飞扬，就会直接被压到地面，具体过程如下：

齿轮齿条传动机构 2 下端固定在车身总成上，齿轮上端与连接体进行连接，利用齿条的往复直线运动带动齿轮的回转运动，从而实现整个臂的左右摆动；齿轮齿条传动机构 11 一端固定于四杆机构的连接体上，齿轮另一端与头部微调机构连接，来实现头部微调机构的纵向和横向摆动；通过一臂油缸 5 和二臂油缸 6 的伸缩来控制一臂 4、二臂 8 的收起，从而实现臂的折叠；风机管道 7 和排尘管道 19 布置在一臂、二臂内部；吸尘器 13 和高压喷雾器 14 固定在车身总成 1 上，灰尘由吸尘器吸尘排出后，会通过高压喷雾器将排出的灰尘与喷出的水雾接触，灰尘就会直接被压到地面。

3.5 清洗装置双向摆臂技术

光伏太阳能电站多以矩阵方式排列，如图 3-8 所示，阵列间留有通道。行走式清洗机一般在通道上采用边行走边清洗的方式完成清洗作业。本技术实现了清洗机工作装置左右 180°的摆动，作业到头，可在相邻通道返回，实现往返清洗作业，提高了清洗效率。

如图 3-9 所示，本工作清洗装置由主机、臂架组件、回转油缸、吸尘器、滚刷组件等组成。主机用于承载其他元件，操作臂架、吸尘器、滚刷组件等完成清洗作业。回转油缸由左（右）回转缸、回转油缸齿条、回转油缸齿轮、回转油缸固定端、回转油缸转动端等组成。如图 3-9(a) 所示滚刷组件在清洗机左方，滚刷按清洗机行驶方向顺时针旋转，可实现有效吸尘。如图 3-9(b) 所示滚刷组件在清洗机右方，滚刷需旋转180°，仍按清洗机行驶方向顺时针旋转，方可实现有效吸尘。

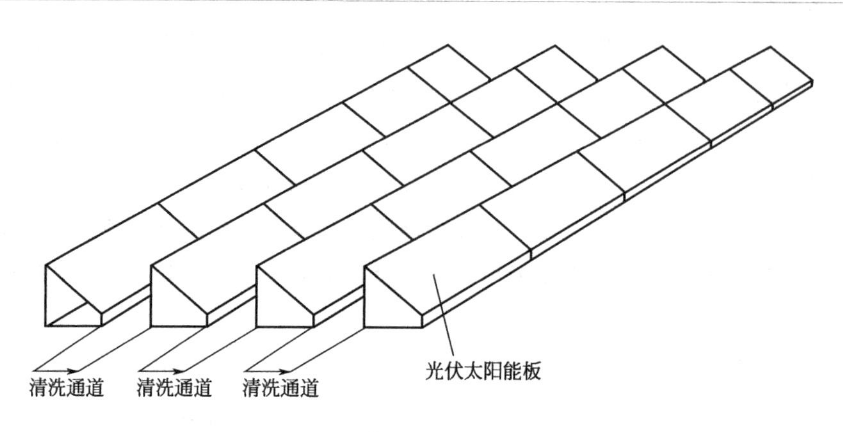

图 3-8 光伏发电站太阳能阵列

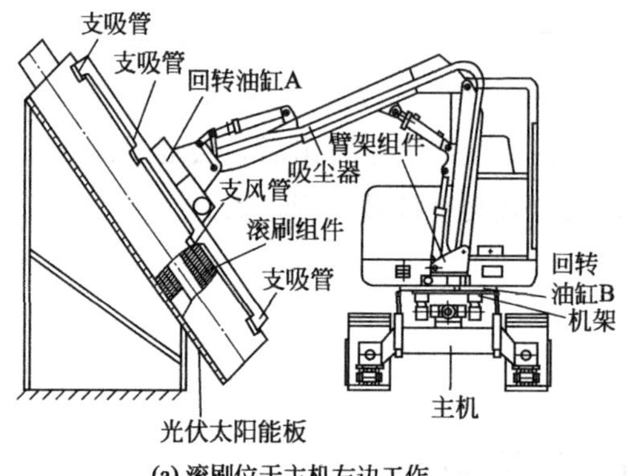

(a) 滚刷位于主机左边工作

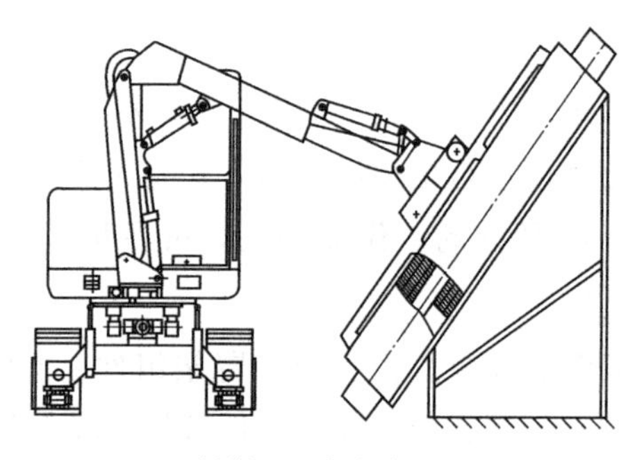

(b) 滚刷位于主机右边工作

图 3-9 双向摆臂清洗装置

如图3-10所示，回转油缸A固定端连接臂架，转动端连接滚刷架。电控液压阀处于中位时，左、右回转缸也处于中位，滚刷组件处于水平位置。电控液压阀处于上下位置时，滚刷组件处于垂直位置。操纵电磁液压阀处于上位或下位，可通过左、右回转油缸的伸缩带动回转油缸齿条移动，从而驱动与之啮合的回转油缸齿轮摆动，实现与之连接的滚刷组件180°转动。

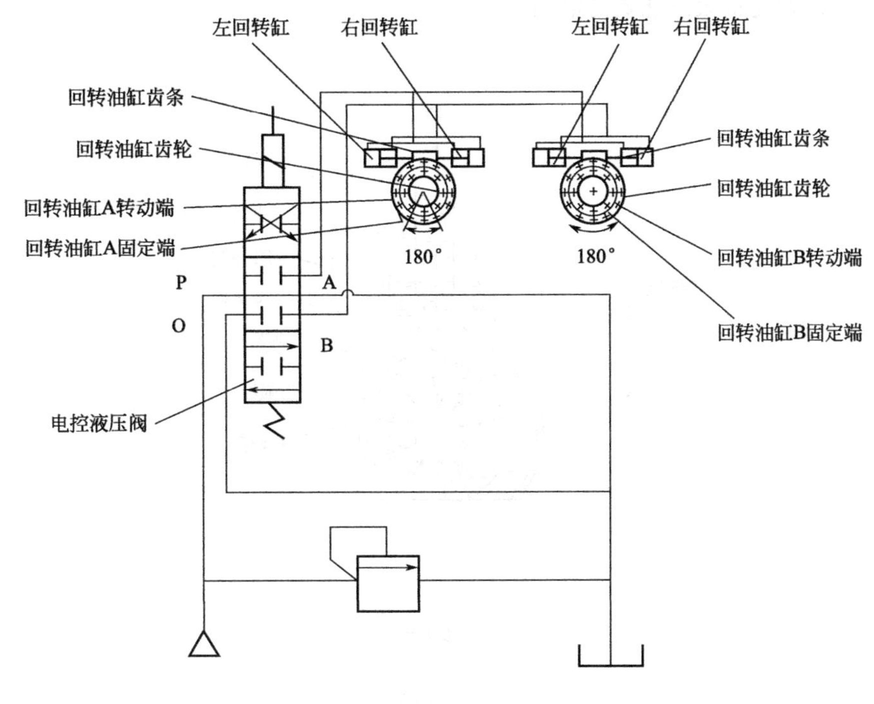

图3-10 回转装置原理图

臂架组件由臂架、双向液压缸等组成，用于支撑滚刷组件、实现滚刷组件与光伏太阳能板间距的调整，通过回转油缸B装配在主机机架上。电控液压阀处于中位时，左、右回转缸也处于中位，臂架组件处于清洗机正前方。电控液压阀处于上下位置时，臂架组件处于清洗机左、右位置。操纵电磁液压阀处于上位或下位，可通过左、右回转油缸的伸缩带动回转油缸齿条移动，从而驱动与之啮合的回转油缸齿轮摆动，实现与之连接的臂架组件180°摆动，实现左右清洗作业。回转油缸A、B的左回转缸的有杆腔通右回转缸的无杆腔，左回转缸的无杆腔通右回转缸的有杆腔，可实现较大回转力矩，实现快速、平稳回转。回转油缸A和回转油缸B的左、右回转缸连通后接入电磁液压阀，可实现臂架组件及滚刷、吸尘组件的同步换向。

吸尘器装在主机上，通过上主风管、下主风管、支风管与滚刷架连接，并与前弧板、后弧板、滚刷组成的尘腔相通。吸尘器下主风管固定在刷架上，上主风管固定在臂架上，可在刷架组件转动时绕环形回转密封相对转动。如图 3-11 所示，滚刷组件由滚刷驱动电机、滚刷及轴、刷架等组成。滚刷驱动电机固定在刷架上，和装配在刷架上的滚刷组件连接，用于驱动滚刷组件运转，实现对光伏太阳能板的清扫。

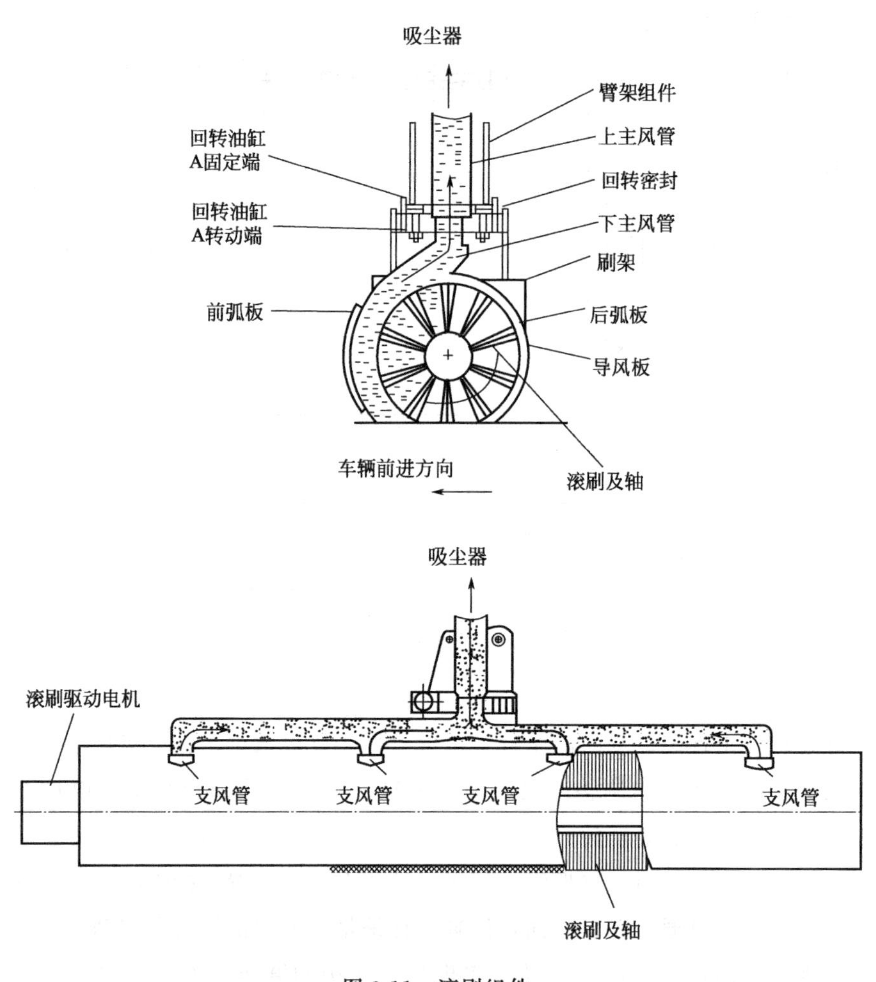

图 3-11　滚刷组件

总结：

① 吸尘器主风口位于刷架中心位置，下主风管固定在刷架上，上主风管

固定在臂架上，可在刷架组件转动时绕环形回转密封相对转动。在清洗机左、右侧清洗作业时，按行驶方向均可实现滚刷顺时针旋转，吸尘器可有效吸尘。

② 主风口下四个支风口均匀布置，与纵向前弧板、后弧板、滚刷组成的尘腔相通，可确保均匀吸尘。

③ 回转油缸的左回转缸的有杆腔通右回转缸的无杆腔，左回转缸的无杆腔通右回转缸的有杆腔，可实现较大回转力矩，实现快速、平稳回转。

④ 回转油缸 A 和回转油缸 B 的左、右回转缸连通后接入电磁液压阀，可实现臂架组件及滚刷、吸尘组件的同步换向，在清洗机调向作业时，避免误操作导致无法正常清扫吸尘或增加操作程序。

第4章

太阳能板清洗机优化设计及关键技术研究

4.1 清洗机履带式底盘行走控制技术研究

4.1.1 清洗机行走液压系统组成

履带式底盘行走清洗机采用全液压驱动方案，动力传递方式为分置式液压系统，即发动机带左右变量泵，经左右液压马达后传递至左右轮边减速装置，经减速后驱动左右履带使机器行驶。由变量泵、变量马达组成闭式变量液压系统，为双泵-双马达组成的左右独立驱动回路。两边回路进行统一控制，即可联动实现车辆前进、后退，及相应的无级变速，又可分别操控，实现转向或原地转向。液压系统由变量泵、变量马达、比例电磁阀、变量机构、安全阀、单向阀、补油溢流阀等组成。在此液压系统中变量泵既作为液压能源，又作为主要控制元件，通过比例电磁阀和变量机构，可以实现泵流量的调整，从而改变液压马达输出速度的大小和方向。系统的最大工作压力由安全阀所限定。该系统中补油泵有三个作用：a.通过单向阀向系统的低压管路补油，以补充系统的泄漏量，并可以在低压管路中建立起一定的低压，改善泵的吸入性能，防止汽蚀现象和空气深入系统；b. 通过补油使系统温度下降；c. 提供变量控制机构的控制压力油路，保证控制系统正常工作。

4.1.2 清洗机行走控制技术

本书所讲的履带式清洗机采用双泵双马达驱动履带的行走系统。该系统硬件采用以PLC为核心的电子恒速控制系统。该控制系统包括PLC（控制器）、安装在马达输出轴上的传感器以及控制泵流量的电磁比例阀（执行器）。控制方案多采用单闭环、双闭环以及三闭环。

单闭环控制方法是将左右轮分别进行控制，即左右马达的转速与设定值进行比较，采用PID控制方案消除偏差以达到恒速控制的目的。该控制方案缺点是一旦清洗机左右轮出现偏转，控制系统就不能自动纠偏。

双闭环控制方法是将马达速度和左右马达的转速差作为双变量分别与设定值进行比较，采用速度PID和纠偏PID确定输出控制量后叠加得到控制器的输出量控制电磁阀。该控制方法与单闭环实质上是一样的，都只能进行速度控制，不能消除左右履带行走距离差值。

三闭环控制方法是将马达速度、左右马达速度差以及将速度差进行叠加得到的距离差这三个变量，分别通过PID计算得到输出控制量后进行叠加，得到控制器的输出量以控制电磁阀。该控制方法虽然将左右轮的距离差值作为控制变量参与清洗机的行走控制，但是，三个控制变量并联叠加，容易相互干涉，最终使参与纠偏的控制变量的控制作用不能完全发挥应有的效果，不能有效地解决清洗机行走跑偏量。

本书为有效解决清洗机行走跑偏量提供一种清洗机行走系统的智能控制方法。为实现本目的所提出的解决方案如下：

对左轮和右轮运行速度进行设定，左轮设定值输入与左轮PID控制器的输出信号并联叠加后，控制左轮行走驱动系统的工作。左轮和右轮的运行速度的信号通过传感器同时反馈到两个地方：

① 反馈到左轮和右轮的PID控制器输入端，与对左轮和右轮运行速度的实际设定值进行比较构成闭环控制。

② 反馈到左轮传感器和右轮传感器的信号相减环节，得到的左轮、右轮速度差经积分电路后得到距离差，作为两个输入变量送到模糊算法，经模糊控制器运算后确定右轮设定值修正量输出，该模糊算法模块的右轮设定值修正量与右轮设定值输入端的设定值叠加，该叠加量作为右轮闭环控制的设定值与右

轮 PID 控制器输出值再次叠加控制右轮液压系统的泵、马达工作，控制清洗机的工作状态。

工作状态有三种，即开环工作状态、闭环工作状态和直线工作状态。

当清洗机处在开环状态时，左轮、右轮设定值直接输出控制左轮、右轮液压系统的泵、马达工作；在行走作业需要闭环控制时，左、右轮的设定值与左、右轮 PID 控制器输出值叠加输出控制左轮的泵、马达进行工作；当清洗机处于直线行走状态时，该模糊算法模块的输出信号通过选择开关串入到右轮闭环控制回路中。

当清洗机处于闭环工作状态时，左轮采用单闭环控制，即左轮的设定值与左轮 PID 控制器输出值叠加输出控制左轮的泵、马达进行工作。左轮液压马达的实际转速与电位器设定值进行比较，采用增量式 PID 消除偏差以达到左轮的恒速控制，同时保证清洗机整机行走速度。右轮采用模糊 PID 智能控制方案。在清洗机控制面板上设置直线行走纠偏选择开关，该开关为高电位时，将左右轮的实际转速相减得到左右轮的速度差，同时通过积分环节得到清洗机左右轮的行驶距离差值。模糊控制器根据左右轮的速度差和左右轮的距离差两个输入变量，通过模糊规则确定右轮速度设定值修正量，该设定值修正量与右轮设定值输入端的设定值叠加，叠加量作为右轮闭环控制的设定值与右轮 PID 控制器输出值再次叠加共同控制右轮液压系统的泵、马达工作。直线行走时，右轮的整个控制框架采用模糊控制和 PID 控制的串联结构，右轮采用模糊算法根据左右轮的距离差和速度差微调右轮的速度设定值，实时保证清洗机沿直线行走，而不是单纯保证右轮恒速。当清洗机处在非直线行走作业（如转弯行走）时，直线行走选择开关为低电位，模糊控制器退出右轮的控制，软件中左右轮距离差变量自动清零以保证下一次的控制不受影响。当清洗机不需要闭环控制时，PID 控制器退出，由设定值输入端直接控制清洗机左右轮的泵、马达工作，此时，清洗机行走系统处在开环工作状态。

当清洗机处于直线行走状态时，左轮采用单闭环的恒速控制，此时在右轮的控制方案中将左右轮速度差信号和经积分环节后得到的左右轮距离差信号作为两个输入量输入到模糊控制器，经模糊控制器运算后确定右轮设定值修正量输出，该模糊算法模块的右轮设定值修正量与右轮设定值输入端的设定值叠加，该叠加量作为右轮闭环控制的设定值与右轮 PID 控制器输出值再次叠加控制右轮液压系统的泵、马达工作。

具体的控制过程如下。

图 4-1 中，上述清洗机行走系统的智能控制方法中，对左轮而言，左轮的

设定值与左轮 PID 控制器输出值叠加输出控制左轮的泵、马达进行工作。左轮行驶速度的信号通过传感器同时反馈到两个地方：

① 反馈到左轮的设定端，与左轮运行速度的设定值进行比较、叠加，控制左轮泵和马达构成闭环控制。

② 反馈到左轮传感器和右轮传感器的信号相减环节，信号的差值参与右轮的控制。

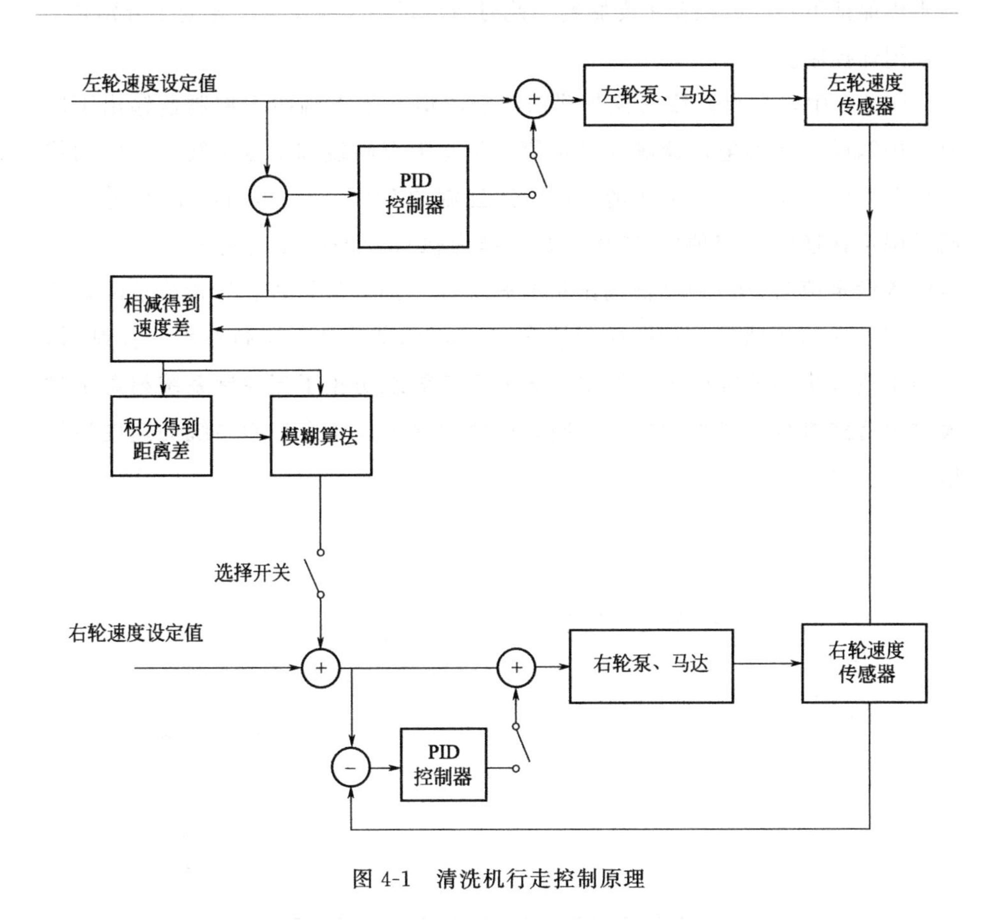

图 4-1 清洗机行走控制原理

对右轮而言，右轮行驶速度的信号通过传感器同时反馈到两个地方：

① 反馈到右轮的设定端，与右轮运行速度的设定值进行比较、叠加，控制右轮泵和马达构成闭环控制。

② 反馈到左轮传感器和右轮传感器的信号相减环节，信号的差值参与右轮的控制。当清洗机处于直线行走状态时，由前面所述，所得到的左右轮速度差信号和经积分环节后得到的左右轮距离差信号作为两个输入量输入到模糊控

制器，经模糊控制器运算后确定右轮设定值修正量输出，该模糊算法模块的右轮设定值修正量与右轮设定值输入端的设定值叠加，该叠加量作为右轮闭环控制的设定值与右轮 PID 控制器输出值再次叠加控制右轮液压系统的泵、马达工作。

图 4-1 中，当清洗机处在非直线行走作业（如转弯行走）时，直线行走选择开关为低电位，模糊控制器退出右轮的控制，软件中左右轮距离差变量自动清零以保证下一次的控制不受影响。此时清洗机行走系统左右轮处于分别独立的单闭环控制。

图 4-2 中，上点画线为控制器输出上限值，下点画线为控制器输出下限值，中间的直线为电位器输入设定值，位于上点画线和下点画线之间的曲线为控制器输出实际值。上述清洗机恒速控制的 PID 控制中，将 PID 的输出控制量限定在速度设定值的 20%左右。作为执行器的电磁阀输入量等于电位器输入设定值与 PID 控制器输出量的叠加和。当清洗机进行行走作业时，控制系统处在闭环状态，PID 控制器参与闭环调节。PID 控制器参与控制时，相当于在很小的范围内进行调整。该方案有效地防止了当控制系统超调量过大时对清洗机行走速度的影响，同时有效地保证了整个控制系统的速度控制精度。

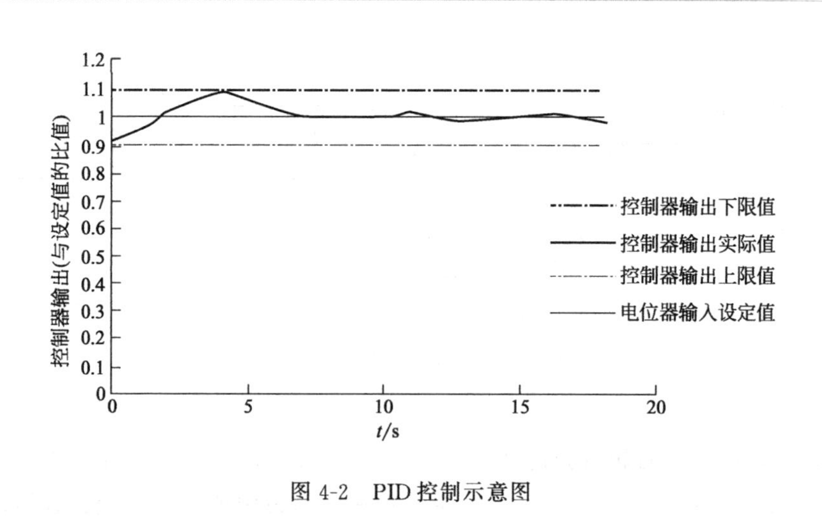

图 4-2　PID 控制示意图

图 4-1 中，当清洗机行走系统处在开环状态时，左轮 PID 控制器断开，左轮设定值直接输出控制左轮液压系统的泵、马达工作。右轮 PID 控制器、模糊控制器均断开，右轮设定值直接输出控制右轮液压系统的泵、马达工作。

技术总结：

该清洗机行走控制方法：左轮进行单闭环恒速控制以保证清洗机整机行走速度；右轮采用模糊算法根据左右轮的距离差和速度差微调右轮的速度设定值，实时保证清洗机沿直线行走，而不是单纯保证右轮的恒速，一旦清洗机出现了偏转能够实时自动纠偏；同时将PID控制器与设定值输入量并联叠加。当清洗机进行行走工作时，控制系统处在闭环状态，PID控制器参与闭环调节；当清洗机并不要求恒速控制时，控制系统处在开环状态，PID环节断开，这种并联结构能够方便地实现开闭环控制的转换，便于提高控制器的运行效率；PID控制器参与控制时相当于在很小的范围内进行调整。该方案有效地防止了当控制系统超调量过大时对清洗机的行走速度的影响，同时有效地保证了整个控制系统的速度控制精度，能够有效解决清洗机行走跑偏量，达到了目的。

本技术的优点在于能够有效解决清洗机行走跑偏量，有效地防止了各控制作用的相互干涉，优化了控制装置的控制性能，提高了操作的舒适性，减轻了驾驶员的劳动强度，改善了路面的施工质量。

4.2 清洗机履带式底盘自动调平技术方案

在行驶作业中，遇到一些崎岖不平的道路时，车身会发生倾斜，影响驾乘舒适性和安装在车身上的工作装置的正常动作，甚至会导致所运输的重物滑落或工程车辆倾翻等事故。因此，清洗机要求根据路面的实际状况进行实时调节，以保持车身平台的水平度。本研究的目的在于提供一种在各种不平路况下可以实现自动调平，无调平死角的车身万向调平装置。

4.2.1 清洗机履带式底盘自动调平技术方案 1

解决该技术问题所采用的方案是：如图4-3所示，车身万向调平装置包括车身、万向节、调平缸和底架。车身和底架通过万向节连接，万向节纵向轴线的两端分别通过轴承座固定于车身上，万向节横向轴线的两端分别通过轴承座固定于底架上。调平缸包括前调平缸、后调平缸、左调平缸和右调平缸。前调平缸和后调平缸在万向节纵向轴线上相对于万向节对称设置；左调平缸和右调平缸在万向节横向轴线上相对于万向节对称设置；前调平缸、后调平缸、左调平缸和右调平缸内均设有活塞杆；前调平缸、后调平缸、左调平缸和右调平缸的缸体与底架铰接，活塞杆与车身铰接，车身上安装有倾角传感器，倾角传感器分别与蓄电池和编码器连接，编码器与电控液压阀连接。电控液压阀控制前调平缸、后调平缸、左调平缸和右调平缸的伸缩。电控液压阀有两个：一个与前调平缸和后调平缸连接，控制前调平缸和后调平缸的伸缩动作；另一个与左调平缸和右调平缸连接，控制左调平缸和右调平缸的伸缩动作。前调平缸的有杆腔与后调平缸无杆腔相通，左调平缸的有杆腔与右调平缸的无杆腔相通，无杆腔通有杆腔，实现调平油缸的同步伸缩。

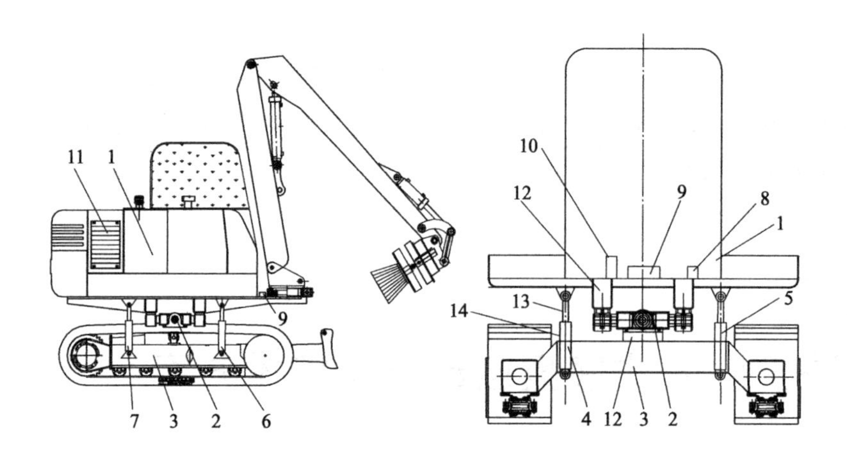

图 4-3 调平装置的结构组成

1—车身；2—万向节；3—底架；4—左调平缸；5—右调平缸；6—前调平缸；7—后调平缸；8—倾角传感器；9—编码器；10—电控液压阀；11—蓄电池；12—轴承座；13—活塞杆；14—缸体

本调平装置的具体工作过程：

如图 4-4、图 4-5 所示，车身万向调平装置包括车身 1、万向节 2、调平缸和底架 3。车身 1 和底架 3 通过万向节 2 连接，万向节 2 纵向轴线的两端分别通过轴承座 12 固定于车身 1 上，万向节 2 横向轴线的两端分别通过轴承座 12 固定于底架 3 上。调平缸包括前调平缸 6、后调平缸 7、左调平缸 4 和右调平缸 5，前调平缸 6 和后调平缸 7 在万向节 2 纵向轴线上相对于万向节 2 对称设置；左调平缸 4 和右调平缸 5 在万向节 2 横向轴线上相对于万向节 2 对称设置；前调平缸6、后调平缸7、左调平缸4和右调平缸5内均设有活塞杆13。前调平缸6、后调平缸7、左调平缸4和右调平缸5的缸体14与底架3铰接，活塞杆13与车身1铰接。车身1上安装有倾角传感器8，倾角传感器8分别与蓄电池11和编码器9连接，编码器9与电控液压阀10连接，倾角传感器8可发出车身倾斜信号传递给编码器9，编码器9通过电控液压阀10控制前调平缸6、后调平缸7、左调平缸4和右调平缸5的伸缩，实现车身调平。

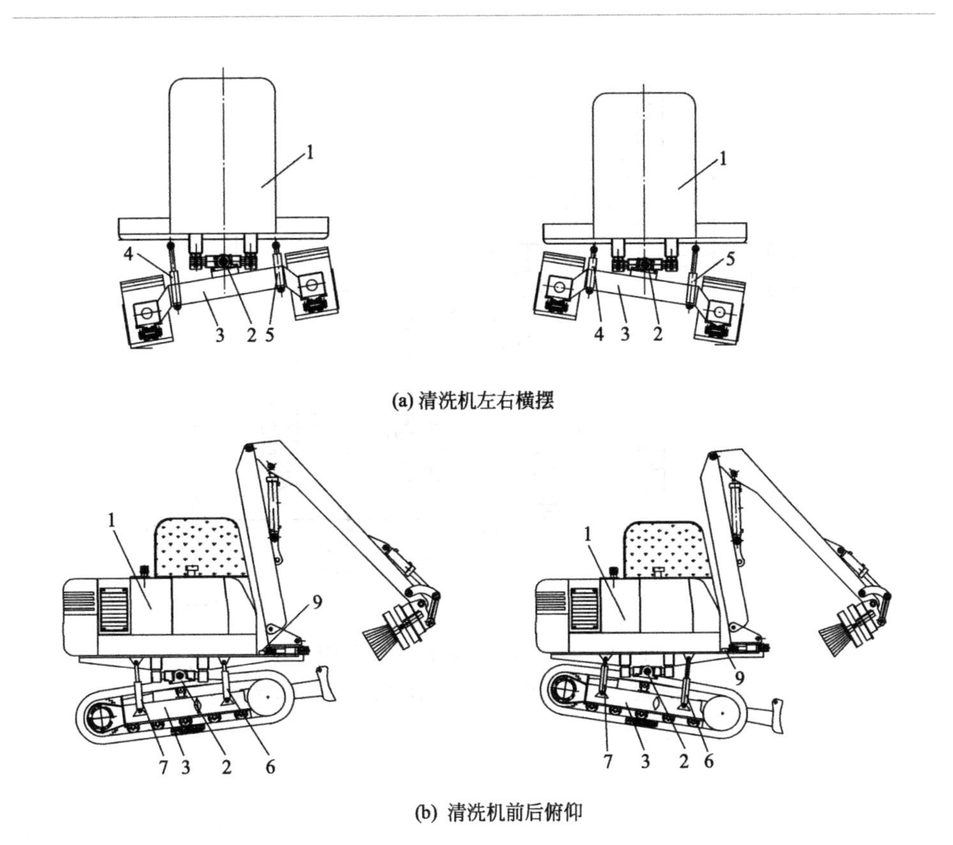

(a) 清洗机左右横摆

(b) 清洗机前后俯仰

图4-4　清洗机调平装置示意图

1—车身；2—万向节；3—底架；4—左调平缸；5—右调平缸；6—前调平缸；7—后调平缸；9—编码器

电控液压阀10有两联：一联与前调平缸6和后调平缸7连接，控制前调平缸6和后调平缸7的伸缩动作；另一联与左调平缸4和右调平缸5连接，控制左调平缸4和右调平缸5的伸缩动作。

具体地讲，前调平缸6的有杆腔与后调平缸7的无杆腔相通，左调平缸4

的有杆腔与右调平缸 5 的无杆腔相通，无杆腔通有杆腔，实现调平油缸的同步伸缩，提高灵敏度。

如图 4-4(a) 所示，当清洗机行进在右侧较高的路面时，万向调平装置自动进行右调平。倾角传感器 8 将右侧高于左侧的信号传递给编码器 9，编码器 9 通过电控液压阀 10 控制左调平缸 4 伸长，右调平缸 5 压缩，实现车身调平。

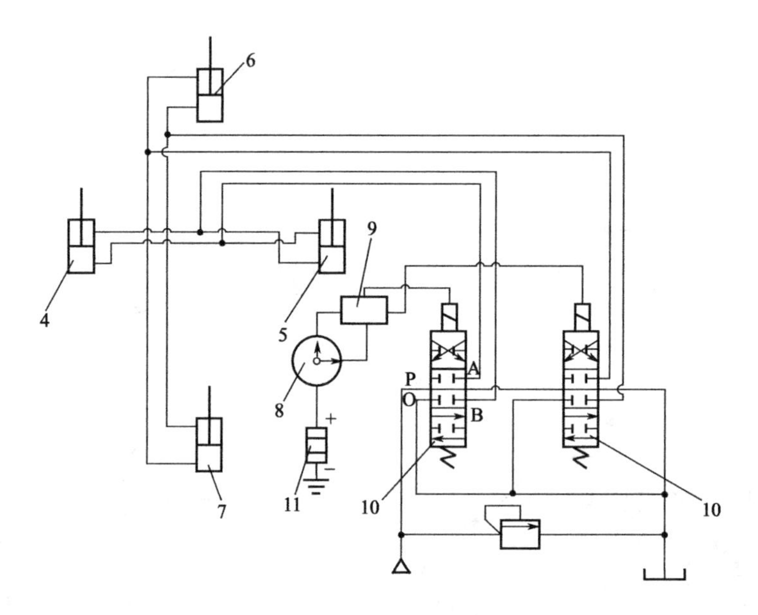

图 4-5　清洗机调平装置液压原理图

4—左调平缸；5—右调平缸；6—前调平缸；7—后调平缸；
8—倾角传感器；9—编码器；10—电控液压阀；11—蓄电池

当清洗机行进在左侧较高的路面时，万向调平装置自动进行左调平，倾角传感器 8 将左侧高于右侧的信号传递给编码器 9，编码器 9 通过电控液压阀 10 控制左调平缸 4 压缩，右调平缸 5 伸长，实现车身调平。

如图 4-4(b) 所示，当清洗机上坡时，万向调平装置自动进行上坡调平，即前调平，倾角传感器 8 将前侧高于后侧的信号传递给编码器 9，编码器 9 通过电控液压阀 10 控制前调平缸 6 压缩，后调平缸 7 伸长，实现车身调平。

当清洗机下坡时，万向调平装置自动进行下坡调平，即后调平，倾角传感器 8 将后侧高于前侧的信号传递给编码器 9，编码器 9 通过电控液压阀 10 控制前调平缸 6 伸长，后调平缸 7 压缩，实现车身调平。

技术总结：

① 通过万向节、轴线对称设置的四个调平缸可实现任何角度的调平，无调平死角，调平过程中不存在油缸间相互干涉问题，非同一轴线也可实现调平。

② 倾角传感器、编码器、电控液压阀、调平缸组成的调平系统调平精度高，实现了自动化。

③ 前调平缸的有杆腔通后调平缸的无杆腔，左调平缸的有杆腔通后调平缸的无杆腔，无杆腔通有杆腔，从而实现油缸的同步伸缩，使动作的反应更加灵敏、迅速。

④ 万向节、四只调平缸组成的车身支撑，增加了车身稳定性。

4. 2. 2 清洗机履带式底盘自动调平技术方案 2

图 4-3 技术方案采用 4 个液压缸加一个万向铰接支撑作为调平装置，但是存在在控制的过程中，左右调平缸和前后调平缸同时控制而产生干涉的问题。为解决该技术方案的不足，本研究结合现有技术，从实际应用出发，提供了一种太阳能清洗机自动调平装置，能够使清洗机在各种不平路况下实现自动调平。

改进技术方案如下：

本方案采用 2 个液压油缸加一个万向铰接支撑作为太阳能清洗机自动调平装置，如图 4-6 所示，包括车身、底盘，还包括电子控制器和液压管路。车身通过万向铰接关节、左调平缸、右调平缸与底盘连接，车身上设有倾角传感器，所述电子控制器接收倾角传感器信号并通过液压管路控制左调平缸、右调平缸动作，从而实现车身姿态的调节。倾角传感器在清洗机行走时，能够实时监测车身的姿态，并通过控制左调平缸、右调平缸动作实现车身姿态的调整，保证车辆行驶时能够始终处于平衡状态，利于对光伏太阳能板的清洗作业。

左调平缸、右调平缸在万向铰接关节纵向轴线上相对于万向铰接关节对称设置，左调平缸、右调平缸、万向铰接关节在水平面内呈等腰三角形布置，万向铰接关节位于顶点位置。

左调平缸、右调平缸底部与底盘铰接连接，左调平缸、右调平缸的活塞杆与车身铰接连接，万向铰接关节横向轴线的两端通过轴承座固定于底盘上，纵向轴线的两端通过轴承座固定于车身上。通过设置的三点支撑，简化了太阳能清洗机的安装结构，同时可对车身姿态进行自由控制。

左调平缸、右调平缸内均设有位移传感器。通过位移传感器的检测数据，能够对油缸形成进行有效的控制，达到精确调整车身姿态的目的。

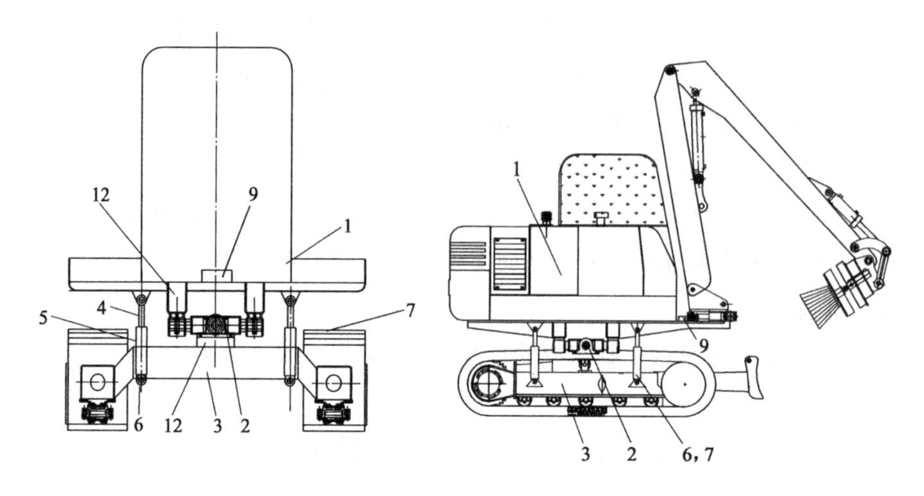

图 4-6　调平装置的结构组成

1—车身；2—万向铰接关节；3—底盘；4—活塞杆；5—缸体；

6—左调平缸；7—右调平缸；9—倾角传感器；12—轴承座

液压管路包括与液压泵连接的总控比例阀、单控比例阀。其中，总控比例阀的输出油口 A_1 通过第一总控液压锁与左调平缸连接，总控比例阀的输出油口 B_1 通过第二总控液压锁与右调平缸连接，单控比例阀经单控液压锁与右调平缸连接，电子控制器通过总控比例阀控制左调平缸、右调平缸同时动作，通过单控比例阀控制右调平油缸单独动作。通过两组比例阀交替执行动作，避免了调平缸在执行动作时的相互干涉问题。

改进技术方案的具体控制过程如下：

如图 4-6～图 4-8 所示，车身万向调平装置包括车身 1、底盘 3、万向铰接关节 2、调平缸、总控比例阀 13、单控比例阀 14、电子控制器、倾角传感器 9 等。车身 1 和底盘 3 通过万向铰接关节 2 连接，万向铰接关节 2 纵向轴线的两端分别通过轴承座 12 固定于车身 1 上，万向铰接关节 2 横向轴线的两端分别通过轴承座 12 固定于底盘 3 上，调平缸包括左调平缸 6、右调平缸 7，左调平缸 6 和右调平缸 7 在万向铰接关节 2 横向轴线上相对于万向铰接关节 2 对称设置，左调平缸 6、右调平缸 7、万向铰接关节 2 在水平面内呈等腰三角形布置，万向铰接关节 2 位于顶点位置。左调平缸 6 和右调平缸 7 内均设有活塞杆 4 和位移传感器，左调平缸 6 和右调平缸 7 与底盘 3 铰接，活塞杆 4 与车身 1 铰接，车身 1 上安装有倾角传感器 9，倾角传感器 9 检测车身与水平面的纵向和横向角度差，将车身的俯仰角度和横摆角度实时输入电子控制器。

液压管路中，电控液压阀有两组为负荷敏感液压阀组，总控比例阀 13 的输出油口 A_1、B_1 分别经过第一总控液压锁 8、第二总控液压锁 10 同时与左调平缸 6、右调平缸 7 连接，控制左调平缸 6、右调平缸 7 同时动作；单控比例阀 14 经单控液压锁 11 与右调平缸 7 连接，可单独控制右调平缸 7 的伸缩动作。

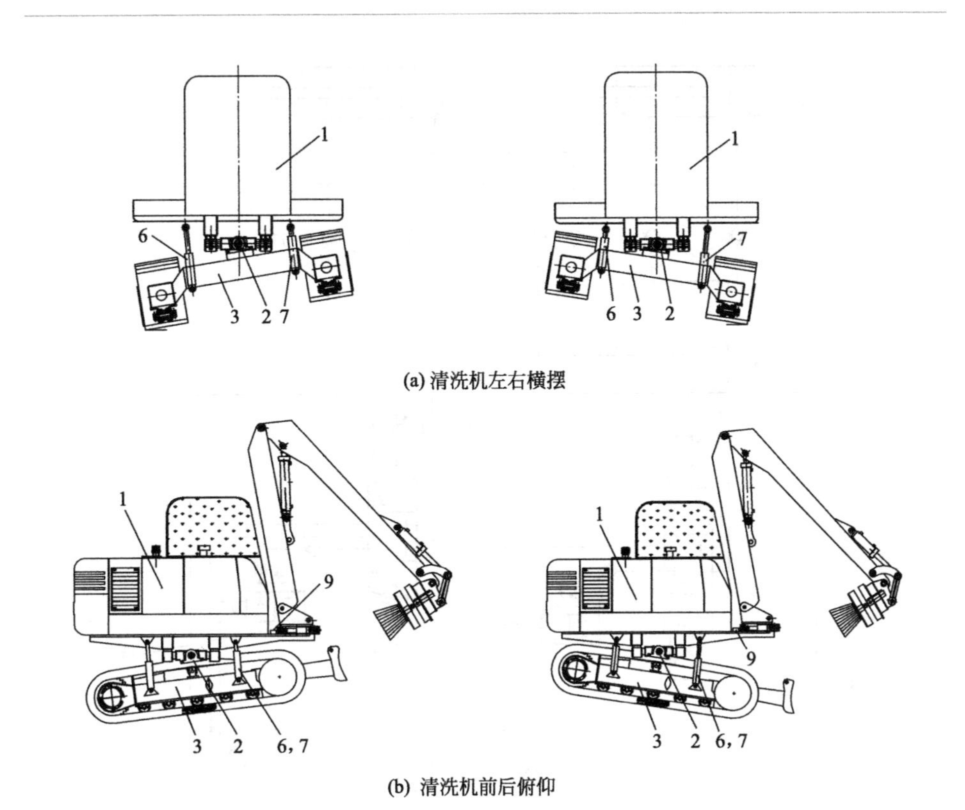

(a) 清洗机左右横摆

(b) 清洗机前后俯仰

图 4-7 清洗机调平装置示意图

1—车身；2—万向铰接关节；3—底盘；6—左调平缸；7—右调平缸；9—倾角传感器

倾角传感器 9 实时检测车辆的俯仰角度和横滚角度，以水平 0°为基准，电子控制器检测车辆的俯仰角度、横滚角度、油缸内置位移传感器信息，进行车辆信息识别。当车辆俯仰角度大于横滚角度时，电子控制器首先进行俯仰方向的闭环控制，输出 PWM 信号控制总控比例阀 13，此时左调平缸 6、右调平缸 7 同时动作。当车辆横滚角度大于俯仰角度时，电子控制器输出 PWM 信号控制单控比例阀 14，此时右调平缸 7 动作，实施横滚方向的调平动作。当车辆横滚角度相近于俯仰角度时，电子控制器交替输出 PWM 信号分别控制总控比例阀 13、单控比例阀 14，交替实施横滚方向、俯仰方向的调平动作。

如图 4-7(a) 所示，当清洗机行进在左右侧不平的路面时，倾角传感器 9 将检测车辆横摆角度，电子控制器运算后，输出控制单控比例阀 14 得电，总控比例阀 13 不得电，液压油经单控液压锁 11 进入右调平缸 7，控制车身反向动作，左调平缸 6 在第一总控液压锁 8、第二总控液压锁 10 的反向作用下无动作。

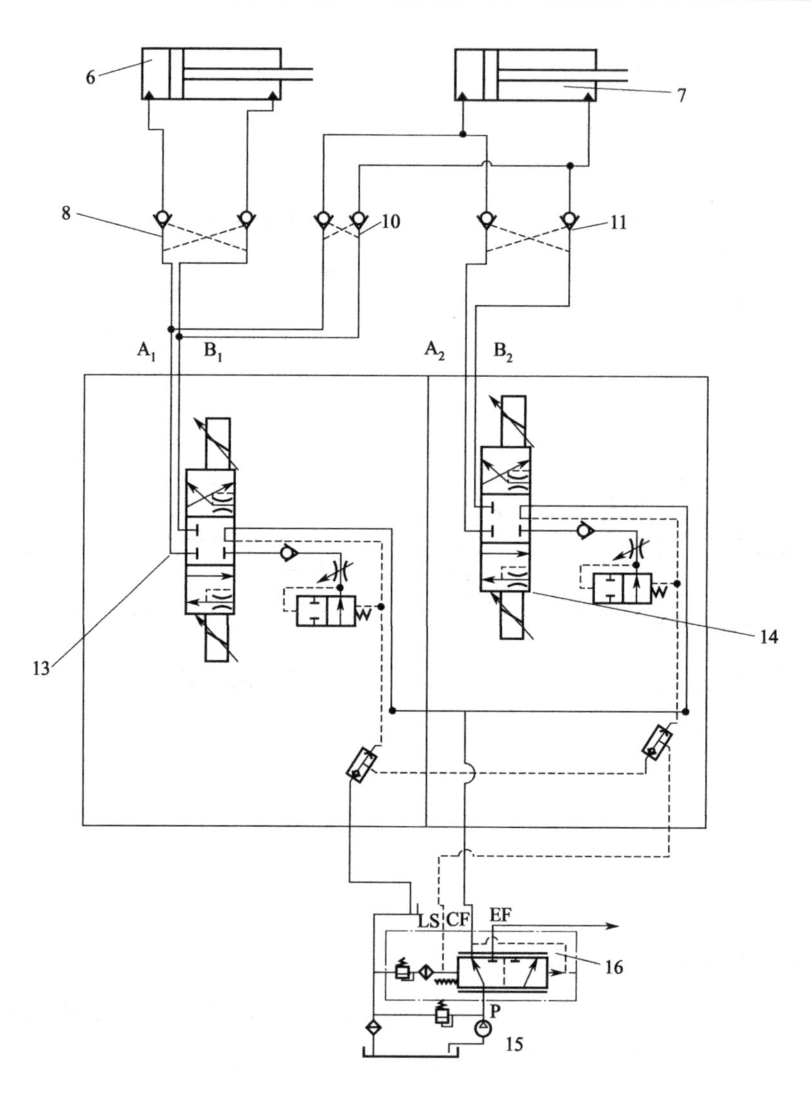

图 4-8　清洗机调平液压原理图

6—左调平缸；7—右调平缸；8—第一总控液压锁；10—第二总控液压锁；11—单控液压锁；13—总控比例阀；14—单控比例阀；15—液压泵；16—优先阀

当清洗机上下坡时，如图 4-7(b) 所示，倾角传感器 9 将检测车辆俯仰角度，电子控制器运算后，输出控制总控比例阀 13 得电，单控比例阀 14 不得电，液压油同时经第一总控液压锁 8、第二总控液压锁 10 进入左调平缸 6 和右调平缸 7，控制车身在俯仰方向的反向动作。

当清洗机在前后左右同时有坡度的路面上行走时，倾角传感器 9 将检测车辆俯仰角度和横滚角度，电子控制器交替输出 PWM 信号分别控制总控比例阀 13、单控比例阀 14，交替实施清洗机横滚方向、俯仰方向的调平动作。

总结：

① 在结构方面，通过万向节、车辆纵向轴线对称设置的 2 个调平缸可实现水平面内任何方向的调平，从而保证清洗机在行走过程中，能够进行自动调平，保证太阳能光伏板的清洁效果。

② 在控制方面，2 组比例阀交替执行动作，避免了 2 个调平缸在执行动作时的相互干涉问题。

③ 在支撑方面，车身平台与车辆底盘之间采用 3 点支撑，简化了太阳能清洗机的安装结构，有利于车身的自动调平控制。

4.3 拖拉机牵引式清洗机行走底盘研制

履带式太阳能清洗机采用双泵双马达的液压闭式回路驱动，生产造价高，整车重量大，发动机能量损耗大，不利于推广应用。为实现整车的轻量化，同时保证作业过程移动灵活和太阳能光伏板的清洁效果，本书对拖拉机牵引式的清洗机轮胎底盘进行了相关研究。

通过拖拉机牵引实现行走功能，拖拉机液压输出为清洗机提供液压泵站的功能，保证跟自走式清洗机实现同样功能的条件下，大大降低清洗机的制造成本，同时增加拖拉机的利用率，可以跟满足动力要求和液压输出流量要求的任一拖拉机配套使用，可充分利用现有资源。

另外，液压控制系统能保证每一联油缸动作不受外部负荷的影响，可以同时控制动臂油缸、斗杆油缸、摇臂油缸、左调平缸、右调平缸，控制精确，利于提高清洁效果。结合现有技术，从实际应用出发，本书讲解了一种拖拉机牵引式太阳能清洗机，能够在满足使用要求的前提下，大大降低太阳能清洗机的成本，利于推广应用。

采用以下技术方案：

拖拉机牵引式太阳能清洗机包括调平装置，其中调平装置包括作业平台、清洗机底盘、电子控制装置和液压控制系统。作业平台通过万向铰接关节、左调平缸、右调平缸与清洗机底盘连接，作业平台上设有倾角传感器，清洗机底盘的动力机构为拖拉机，清洗机底盘为轮式底盘，拖拉机与轮式底盘牵引式连接。作业平台上安装有用于清洁太阳能光伏板的工作装置，工作装置包括动臂、斗杆、摇臂、滚刷、动臂油缸、斗杆油缸和摇臂油缸，动臂、斗杆和滚刷依次铰接，摇臂分别与斗杆和滚刷铰接，动臂的另一端铰接在作业平台上，动臂油缸分别与作业平台和动臂铰接，斗杆油缸分别与动臂和斗杆铰接，摇臂油缸分别与斗杆和摇臂铰接。

液压控制系统包括安装于拖拉机上的液压泵、液压油箱及拖拉机多路输出阀组，还包括安装于作业平台上的负荷敏感液压控制阀组。负荷敏感液压控制阀组包括五联电控多路阀组，每一联均包括电比例主阀、压力补偿器和梭阀，动臂油缸、斗杆油缸、摇臂油缸、左调平缸和右调平缸分别与其中一联电比例主阀连接。左调平缸和右调平缸与电比例主阀之间分别设有液压锁。

电子控制装置设置于拖拉机驾驶室内，通过电缆与负荷敏感液压控制阀组和倾角传感器连接。

其中左调平缸、右调平缸在万向铰接关节纵向轴线上相对于万向铰接关节对称设置，左调平缸、右调平缸、万向铰接关节在水平面内呈等腰三角形布置，万向铰接关节位于顶点位置。左调平缸、右调平缸的底部均与轮式底盘铰接，左调平缸、右调平缸的活塞杆与作业平台铰接，万向铰接关节横向轴线的两端通过轴承座固定于轮式底盘上，万向铰接关节纵向轴线的两端通过轴承座固定于作业平台上。

拖拉机牵引式太阳能清洗机具体的工作过程如下：

如图 4-9、图 4-10 所示，拖拉机牵引式太阳能清洗机包括调平装置 3。调平装置 3 包括作业平台 33、清洗机底盘 2、电子控制装置 7 和液压控制系统。作业平台 33 通过万向铰接关节 31、左调平缸 32-1、右调平油缸 32-2 与清洗机底盘 2 连接，清洗机底盘 2 的动力机构为拖拉机 11，清洗机底盘 2 为轮式底盘，拖拉机 11 与轮式底盘 2 牵引式连接。作业平台 33 上安装有用于清洁太阳能光伏板的工作装置 4，拖拉机 11 与轮式底盘 2、工作装置 4 形成牵引式拖拉机 11——清洗机组，拖拉机 11 提供动力和液压流量输出。拖拉机 11 可以任选，满足牵引动力和液压输出流量即可。

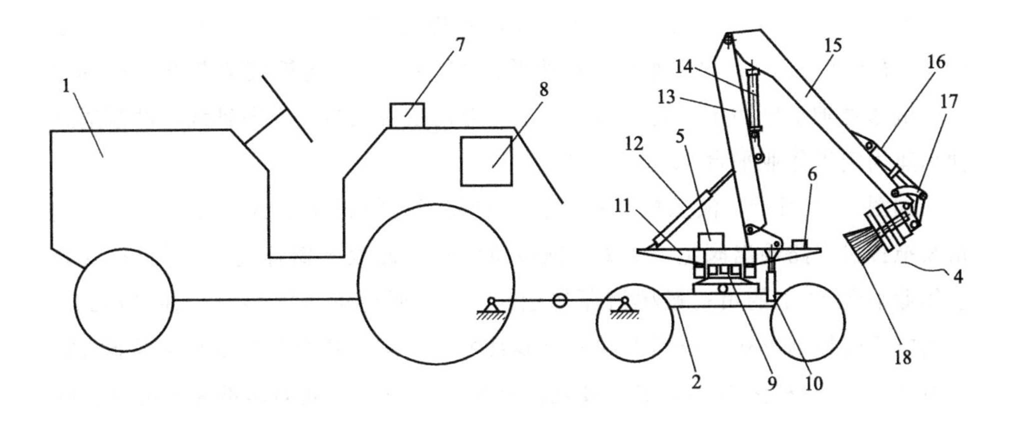

图 4-9 拖拉机牵引式清洗机整体结构方案示意图

1—拖拉机；2—清洗机底盘；3—调平装置；4—工作装置；5—负荷敏感液压控制阀组；6—倾角传感器；7—电子控制装置；8—拖拉机多路输出阀组；9—万向铰接关节；10—调平缸；11—作业平台；12—动臂油缸；13—动臂；14—斗杆油缸；15—斗杆；16—摇臂油缸；17—摇臂；18—滚刷

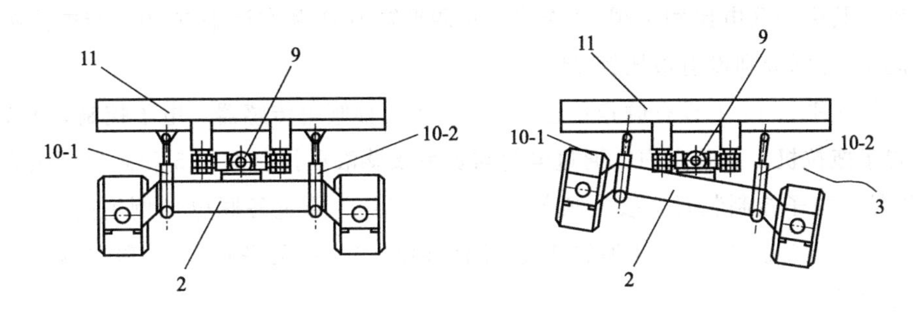

图 4-10 拖拉机牵引式太阳能清洗机调平装置结构示意图

2—清洗机底盘；3—调平装置；9—万向铰接关节；10-1—左调平缸；10-2—右调平缸；11—作业平台

调平装置 3 位于轮式底盘 2 与工作装置 4 之间，工作装置 4 包括动臂 13、斗杆 15、摇臂 17、滚刷 18、动臂油缸 12、斗杆油缸 14 和摇臂油缸 16，动臂 13、斗杆 15 和滚刷 18 依次铰接，摇臂 17 分别与斗杆 15 和滚刷 18 铰接，动臂 13 的另一端铰接在作业平台 11 上，动臂油缸 12 分别与作业平台 11 和动臂 13 铰接，斗杆油缸 14 分别与动臂 13 和斗杆 15 铰接，摇臂油缸 16 分别与斗杆 15 和摇臂 17 铰接。

左调平缸 10-1、右调平缸 10-2 在万向铰接关节 9 纵向轴线上相对于万向铰接关节 9 对称设置，左调平缸 10-1、右调平缸 10-2、万向铰接关节 9 在水平面内呈等腰三角形布置，万向铰接关节 9 位于顶点位置。

左调平缸 10-1、右调平缸 10-2 的底部均与轮式底盘 2 铰接，左调平缸 10-1、右调平缸 10-2 的活塞杆与作业平台 11 铰接，万向铰接关节 9 横向轴线的两端通过轴承座固定于轮式底盘 2 上，万向铰接关节 9 纵向轴线的两端通过轴承座固定于作业平台 11 上。

如图 4-11 所示，液压控制系统包括安装于拖拉机 1 上的液压泵、液压油箱及拖拉机多路输出阀组 8（属于拖拉机常识，此处不做详述），还包括安装于作业平台 11 上的负荷敏感液压控制阀组 5。所述负荷敏感液压控制阀组 5 采用电磁阀控制方式，包括五联电控多路阀组，每一联均包括电比例主阀 19、压力补偿器 20 和梭阀 21，其主要功能是保证每一联油缸动作不受外部负荷的影响，可以同时控制动臂油缸 12、斗杆油缸 14、摇臂油缸 16、左调平缸 10-1、右调平缸 10-2；在进油联中，三通分流阀 22 保证定量泵多余的液压油在需要的压力下分流。

动臂油缸 12、斗杆油缸 14、摇臂油缸 16、左调平缸 10-1 和右调平缸 10-2 分别与其中一联电比例主阀 19 连接。左调平缸 10-1 和右调平缸 10-2 与电比例主阀 19 之间分别设有液压锁 24。

作业平台 11 上设有倾角传感器 6，采用双轴倾角传感器，电子控制装置 7 设置于拖拉机 1 驾驶室内，通过电缆与负荷敏感液压控制阀组 5 和倾角传感器 6 连接，电子控制装置 7 接收倾角传感器 6 信号并通过各联电比例主阀 19 分别控制动臂油缸 12、斗杆油缸 14、摇臂油缸 16、左调平缸 10-1 和右调平缸 10-2 动作。

工作原理：在拖拉机牵引式太阳能清洗机移动过程中，拖拉机 1 提供动力和液压输出，拖拉机 1 液压输出具备出油口 P 和回油口 T，在清洗过程中，需保证工作装置 4 的滚刷 18 与太阳能光伏板的相对姿态（即滚刷 18 与太阳能光伏板之间的距离和角度）处于合适的清洗范围。

作业前，驾驶员通过电子控制装置 7 的操控，调整好工作装置 4 中滚刷 18 和太阳能光伏板的相对姿态；在行走作业过程中，拖拉机 1 清洗机组沿直线行驶，在调平装置 3 的作用下，无论地面是否凸凹不平，作业平台 11 始终保持水平状态。清洗过程中，工作装置 4 液压缸用油、调平装置 3 用油均由拖拉机多路输出阀组 8 供油。

工作装置 4 的姿态调整时，驾驶员通过电子控制装置 7 控制液压控制阀组 5，以控制动臂油缸 12、斗杆油缸 14 和摇臂油缸 16 动作，调整工作装置 4 中的滚刷 18 和太阳能光伏板的相对姿态。

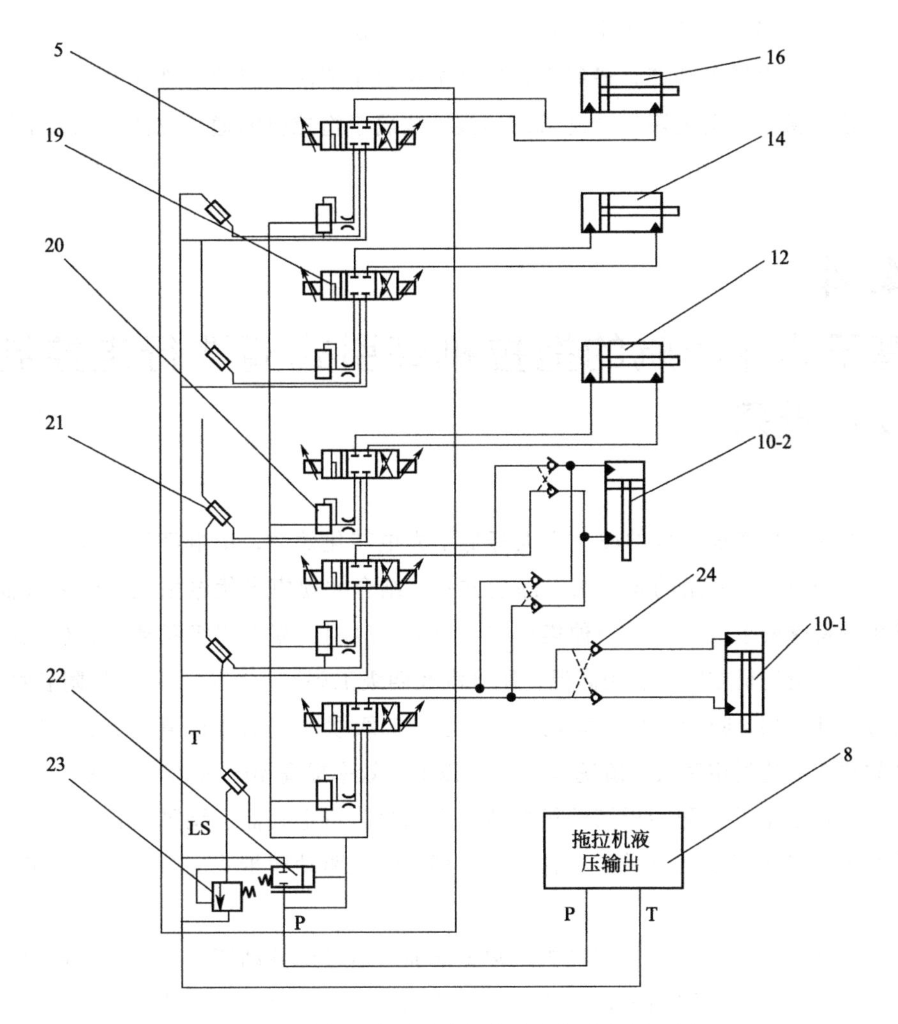

图 4-11 拖拉机牵引式太阳能清洗机液压原理图

5—负荷敏感液压控制阀组；8—拖拉机多路输出阀组；10-1—左调平缸；10-2—右调平缸；12—动臂油缸；14—斗杆油缸；16—摇臂油缸；19—电比例主阀；20—压力补偿器；21—梭阀；22—三通分流阀；23—溢流阀；24—液压锁

作业平台 11 上设有倾角传感器 6，当检测到轮式底盘 2 倾斜时，传输信号至电子控制装置 7，所述电子控制装置 7 经过运算发出控制信号至液压控制阀组 5，控制左调平缸 10-1、右调平缸 10-2 动作，从而实现作业平台 11 的水平调节。倾角传感器 6 在行走时，能够实时监测车身的姿态，并通过控制左调平缸 10-1、右调平缸 10-2 动作实现车身姿态的调整，保证车辆行驶时能够始终处于平衡状态，利于对光伏太阳能板进行清洗作业。

总之，通过拖拉机1牵引保持直线行走，保证工作装置4的姿态调整、调平装置3的自调平功能，最终保证实现拖拉机1清洗机组的清洗作业。

拖拉机1牵引太阳能清洗机的连接方法属于拖拉机的通用方法，此处不做详述。

4.4 基于北斗导航的拖拉机牵引式清洗行走控制技术研究

光伏组件表面灰尘的覆盖大大降低了光电转化效率，影响经济效益。本研究参考当前普遍使用的光伏组件除尘方式，结合大规模光伏电站光伏组件表面除尘的特殊要求，提出了一种集清扫、吸尘、滚刷、蒸汽四级联动的光伏太阳能板除尘清洗机方案。利用高温高压蒸汽及四级工序联动清除太阳能板附着物，通过设计清扫、吸尘、高压雾化蒸汽、滚刷四级联动太阳能板清洗装置，实现高效清洗，达到相对人工清洗节水70%以上、效率提高40～50倍的目标。

光伏发电站太阳能板清洗机包括三大部分：行走底盘、调平装置、清洗工作装置，其中行走底盘采用2种方式，即静液压驱动履带式底盘和拖拉机牵引式轮胎式底盘。

光伏发电站太阳能板清洗机正常工作前，通过调整动臂、斗杆、摇臂的位置，使清洗装置的姿态符合作业要求，清洗机行走过程中，清洗机工作装置要求作业平台水平、底盘严格平行于太阳能板阵列行走，并且和太阳能阵列保持一定的距离，在实际工作中会出现以下问题：

① 采用人工驾驶不容易严格地保证与太阳能板阵列平行行走。

② 当路面突然出现坑洼或土埂时，调平装置来不及反应，工作平台不能保持水平状态，导致清洗装置碰撞太阳能板。

4.4.1 高精度北斗导航技术的应用现状

北斗卫星系统（BeiDou navigation satellite system，BDS）是我国自主研发的全球卫星定位导航系统，被联合国卫星导航委员会认定为包括美国GPS、俄罗斯 GLONASS、欧盟 GALILEO 在内的四大核心供应商之一。

北斗卫星导航系统由以下三个部分组成：

① 空间部分：即北斗系统在轨卫星，计划包括 5 颗静止轨道卫星和 30 颗非静止轨道卫星。

② 地面控制部分：是系统的控制和管理中心，由 1 个主控站、2 个注入站和 30 个监控站组成。监测站接收卫星导航信号并发送给主控站，主控站接收各监测站的观测数据并进行处理，计算出卫星时钟误差和导航电文，再通过注入站发射给空间部分。

③ 用户部分：即用户终端，接收机接收卫星导航信号，确定接收天线到导航卫星之间的距离，根据测距信息得到用户所需的定位导航信息。

关于高精度卫星定位方面，主要从农机导航方面的应用开始，1996 年 Michael O'Connor 和课题组的其他研究人员基于 GPS 给 John Deere 7800 拖拉机设计了导航系统，如图 4-12 所示，当使用的卫星接收器以 10Hz 运行时，拖拉机的航向响应小于 1°，并且试验跟踪时的标准偏差小于 2.5cm。

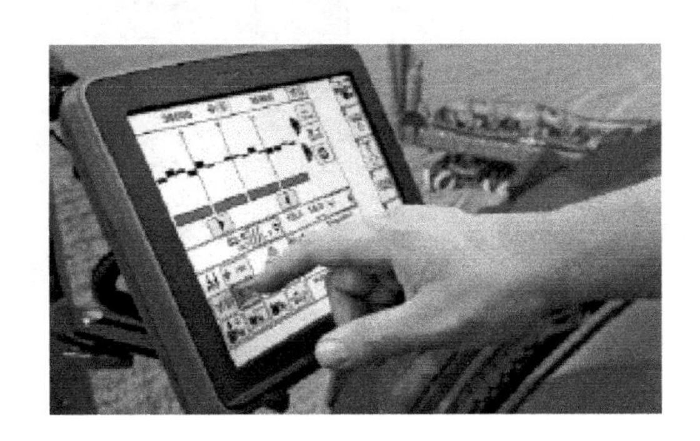

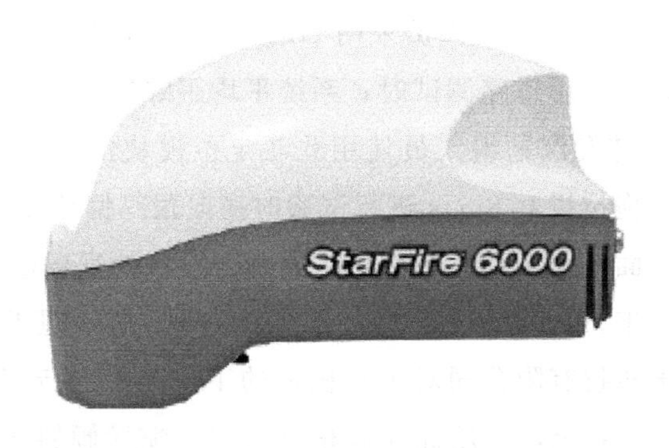

图 4-12 John Deere 导航组件

1998 年，美国伊利诺斯大学的 Benson 等研究人员将 GPS 接收器和地磁方向传感器组合使用搭建农机导航系统，并进行了跟踪试验。试验结果表明，与只用 GPS 导航相比，拖拉机使用组合导航系统的跟踪效果明显提高。

2005 年，张智刚和华南农业大学的研究人员使用电子罗盘和 DGPS 给久保田 SPU-68 水稻插秧机开发了导航控制系统，最终测试中的平均跟踪误差为 4cm。2008 年，胡炼和华南农业大学的研究人员改装了久保田 SPU-68 水稻插秧机，它用 RTK 技术和电子罗盘进行定位，在水田工作测试时，系统平均跟踪误差为 4cm。

基于北斗导航农机作业系统如图 4-13 所示。2016 年，陈艳丽和江苏大学的研究人员使用 UM220 北斗定位模块进行农机导航，导航作业时 y 方向定位偏差在 2.5cm 左右，能满足作业需求。

图 4-13　基于北斗导航农机作业系统

2017 年，王诗冬和课题组人员采用 UM220 模块对东风 904 拖拉机设计农机自动导航系统，在实际道路测试时，系统平均跟踪误差为 3cm。

2016 年，唐勇伟和课题组人员使用北斗定位模块给东方红拖拉机进行了自动驾驶改装，当拖拉机 0.8m/s 进行试验时横向跟踪偏差在 4cm 左右。

在工程机械方面，北斗系统的应用主要基于设备的远程监控、追踪、定位等几方面。近几年来，利用北斗系统的 RTK GNSS 进行厘米级的定位技术。南京天辰礼达电子科技有限公司对工程机械的工作装置进行了初步控制尝试。其 TD63 推土机控制系统，采用北斗高精度定位、惯导倾斜测量等传感技术，实现了对推土机铲刀的高度控制，见图 4-14。

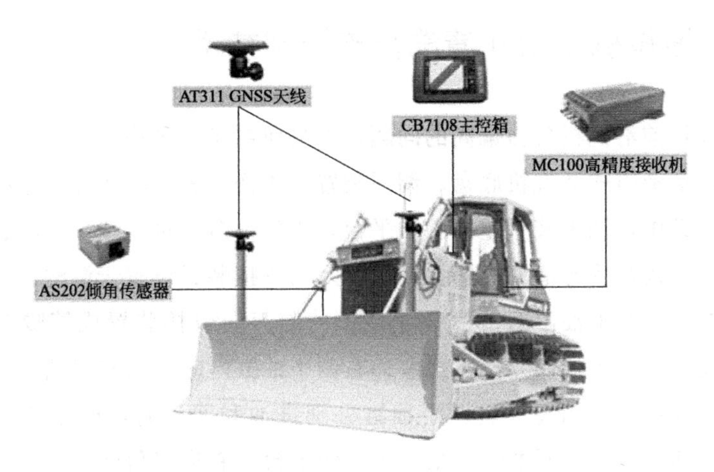

图 4-14 推土机 TD63 控制系统

华测股份有限公司推出的 TC63 压路机智能控制系统（图 4-15），采用北斗高精度定位，将施工现场的压实次数、轨迹、速度、层厚等信息进行采集、记录、分析，实现了远程作业的实时指导、远程控制，将结果控制变为过程控制，提高了施工质量。

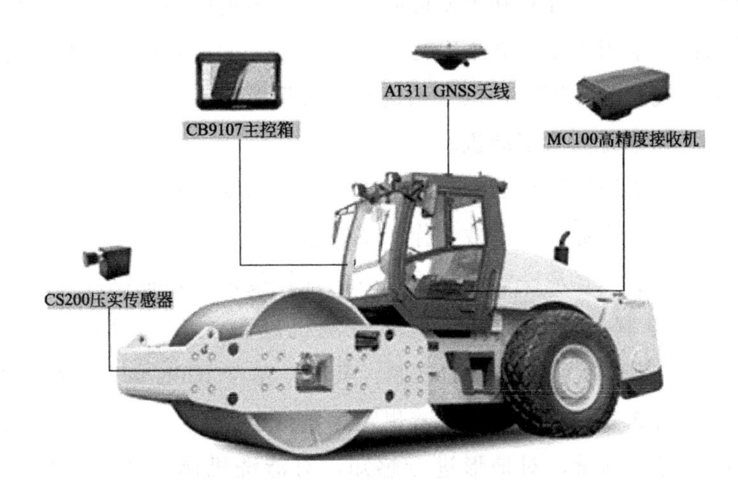

图 4-15 TC63 压路机智能控制系统

总之，高精度北斗定位技术，在农业机械方面的应用，主要集中在导航方面；在工程机械方面的应用，主要体现在远程监控和工作装置的位置控制方面。

4.4.2 拖拉机牵引式清洗行走控制技术

为解决目前清洗机价格偏高的问题，本书研制了一种拖拉机牵引式太阳能清洗机，包括牵引式清洗机底盘、调平装置、工作装置、液压控制系统、电子控制装置。其中，调平装置包括工作平台，工作平台通过左调平油缸、右调平油缸、万向铰接装置与清洗机底盘连接。万向铰接装置设置于清洗机纵向对称平面上，左、右调平油缸对称安装于两侧，与万向铰接装置成等腰三角形排列。调平装置的液压控制方法：当左、右调平油缸同时进油和回油时，调整工作平台的俯仰角度，当左、右调平油缸分别进油和回油时，或者任一油缸不动，另外一油缸进油或回油时，则调整工作平台左右横滚角度。

工作装置包括动臂、动臂油缸、斗杆、斗杆油缸、摇臂、摇臂油缸以及清洗装置、清洗装置回转油缸、工作装置回转油缸。工作装置、液压控制系统、电子控制装置安装于工作平台上；拖拉机可以任选，满足牵引动力和液压输出流量即可，拖拉机和清洗机组成牵引式作业机组，拖拉机提供动力和液压流量输出。正常工作前，通过调整动臂、斗杆、摇臂的位置，使清洗装置的姿态符合作业要求，行走过程中，清洗机工作装置要求作业平台水平、底盘严格平行于太阳能板阵列行走，并且和太阳能阵列保持一定的距离。在实际工作中会出现以下问题：①采用人工驾驶不容易严格地保证太阳能板阵列平行行走；②当路面突然出现坑洼或土埂时，调平系统来不及反应，工作平台不能保持水平状态，导致清洗装置碰撞太阳能板。

为解决目前清洗机工作装置相对于太阳能板的姿态和距离，使拖拉机牵引式太阳能板清洗机作业机组高效工作，本技术方案如下。

拖拉机和牵引轮式清洗机底盘采用万向球铰接牵引，拖拉机牵引式太阳能清洗机的行走控制，通过在拖拉机和清洗机底盘上分别设置三天线 RTK GNSS进行，主要包括两个方面的控制：其一，基于 RTK GNSS 高精度导航，保证拖拉机牵引式太阳能清洗机沿着规定路线行走；其二，利用拖拉机三天线 GNSS 高精度姿态测量，对地形进行感知，对清洗机调平系统进行提前预控制，可以克服反馈控制的滞后问题，使清洗机调平效果大大提高。

拖拉机和清洗机均安装三天线 GNSS，为保证测量精度，减少车载控制器计算量，要求三天线成等腰三角形安装，且顶点位于拖拉机纵向对称中心平面上，边长间距大于 1m 以上，RTK GNSS 定位精度可以达到厘米级别，适当地加长天线边长可提高姿态测量精度。

拖拉机牵引式清洗机行走控制系统包括显示装置、拖拉机导航控制装置、清洗机调平控制装置、拖拉机三天线 GNSS、清洗机三天线 GNSS，其中每一个 GNSS 均包括一个移动站和三个天线，两个移动站可以共用一个基站；显示装置作为人机接口，可以设置作业机组行走路径，实时显示清洗机行走坐标位置、作业平台的水平度。

拖拉机导航控制装置接收拖拉机三天线 GNSS 数据，经过运算后输出拖拉机重心坐标（x_t, y_t, z_t）、拖拉机姿态数据、横向偏差数据 b。拖拉机姿态数据包括：在该坐标下，航向角度 ψ_t、俯仰角度 θ_t、横滚角度 ϕ_t。其中横向偏差数据 b、航向角 ψ_t 传输到导航算法模块，计算输出控制拖拉机前轮转向控制装置，进行导航自动驾驶控制。在拖拉机导航技术方面，双天线导航控制技术目前在拖拉机、农机装备领域已成熟，此处不再详述。

在调平技术方面，清洗机调平控制装置所必须具备的算法包括：数据处理算法模块、调平控制算法模块、控制量输出控制算法模块。其中数据处理算法模块计算得出清洗机底盘姿态。数据处理算法模块包括基于拖拉机姿态数据的算法模块和基于清洗机姿态数据的算法模块，还包括根据拖拉机姿态数据设计的仿地形数据库进行地形识别的模糊识别算法；调平控制算法模块包括俯仰 PID、横滚 PID、计算输出控制量，还包括能够根据地形识别进行模糊推算的模糊控制算法 FUZZY；控制量输出控制算法模块根据调平控制算法模块输出的控制量，进行控制量融合，并输出控制电磁阀。

拖拉机姿态数据：拖拉机航向角度 ψ_t、拖拉机俯仰角度 θ_t、拖拉机横滚角度 ϕ_t、行走速度 v_t 及拖拉机重心坐标（x_t, y_t, z_t）。一方面，这些数据实时地传输到仿地形数据库进行存储，作为地形的变化数据；另一方面发送给终端显示装置，进行实时显示。

清洗机调平控制装置接收清洗机三天线 GNSS 数据，经数据处理算法模块运算后，输出清洗机重心定位坐标（x_q, y_q, z_q），计算清洗机底盘姿态数据，包括清洗机航向角 ψ_q、清洗机俯仰角 θ_q、清洗机横滚角 ϕ_q，输入到调平控制算法模块计算得出左右液压缸的控制量 u_L、u_R。

基于清洗机姿态数据的调平控制算法：调平控制装置将工作平台的理想俯仰角度设定值和理想横滚角度设定值分别设置为 0°，实时地提取清洗机底盘的横滚角、俯仰角度，分别输入至俯仰控制 PID 控制器和横滚控制 PID 控制器，分别经 PID 运算后，计算左右液压缸的控制量 u_L、u_R，由控制量输出模块输出至相应电磁阀控制左右调平缸的动作。

基于清洗机姿态数据的调平控制算法还包括：调平控制装置读取的存储在

仿地形数据库中的拖拉机定位数据（x_t, y_t, z_t）、实时行走速度 v_t 和相对应的拖拉机姿态航向角度 ψ_t、俯仰角度 θ_t、横滚角度 ϕ_t，以及清洗机的定位坐标（x_q, y_q, z_q），不断地比较（x_t, y_t, z_t）和（x_q, y_q, z_q）的数据，先经过FUZZY模糊识别算法，实时感知清洗机的地形变化，再经仿地形模糊控制器FUZZY运算后，输出仿地形补偿量作为反馈值的一部分，与双轴倾角传感器反馈值相加后，分别输入至俯仰控制PID控制器和横滚控制PID控制器，参与控制左右调平缸的动作。

拖拉机牵引式太阳能清洗机的调平控制方法包括以下步骤：

① 接收清洗机三天线GNSS输入信号，进行数据处理，输出清洗机当下重心定位坐标（x_q, y_q, z_q），计算清洗机底盘姿态数据，包括清洗机航向角 ψ_q、清洗机俯仰角 θ_q、清洗机横滚角 ϕ_q，进入下一步骤。

② 提取仿地形数据库数据，该数据包括：拖拉机导航控制器不断存储的拖拉机重心的定位数据（x_t, y_t, z_t）、实时行走速度 v_t 和相对应的拖拉机姿态航向角度 ψ_t、俯仰角度 θ_t、横滚角度 ϕ_t，进入下一步骤。

③ 比较拖拉机重心的定位坐标和清洗机重心的定位坐标，获取当下清洗机相应的地形信息，并模糊识别相关地形是否有土坑和土埂，若有，则加强反馈环节信号强度，加强PID输出控制；若无，则进入下一步骤。

④ 俯仰控制PID控制器和横滚控制PID控制器分别接收清洗机的姿态数据、双轴倾角传感器的数据、模糊控制算法模块输出的地形补偿量，实现融合后作为反馈数据与0°进行比较得到偏差，参与PID调节控制，经输出量控制模块输出控制左右调平油缸动作，进入下一步骤。

⑤ 双轴倾角传感器实时检测工作平台的俯仰角度、横滚角度，进入下一步骤。

⑥ 重复步骤①～⑤。

如图4-16所示，倾角传感器6安装于作业平台11上；电子控制装置7设置于拖拉机驾驶室内，包括拖拉机导航控制装置29、清洗机调平控制装置30，分别通过电缆与负荷敏感液压控制阀组5、倾角传感器7、拖拉机前轮转向控制阀组26进行连接。

拖拉机1和牵引轮式清洗机底盘2采用万向球铰接牵引，拖拉机牵引式太阳能清洗机的行走控制，通过在拖拉机1和清洗机底盘2上分别设置拖拉机三天线RTK GNSS 27、清洗机三天线GNSS 28进行，主要包括两个方面的控制：其一，基于RTK GNSS高精度导航，保证拖拉机牵引式太阳能清洗机沿着规定路线行走；其二，利用拖拉机三天线GNSS 13高精度姿态测量，对地形进行感知，对清洗机调平系统进行提前预控制，可以克服反馈控制的滞后问题，使清洗机调平效果大大提高。

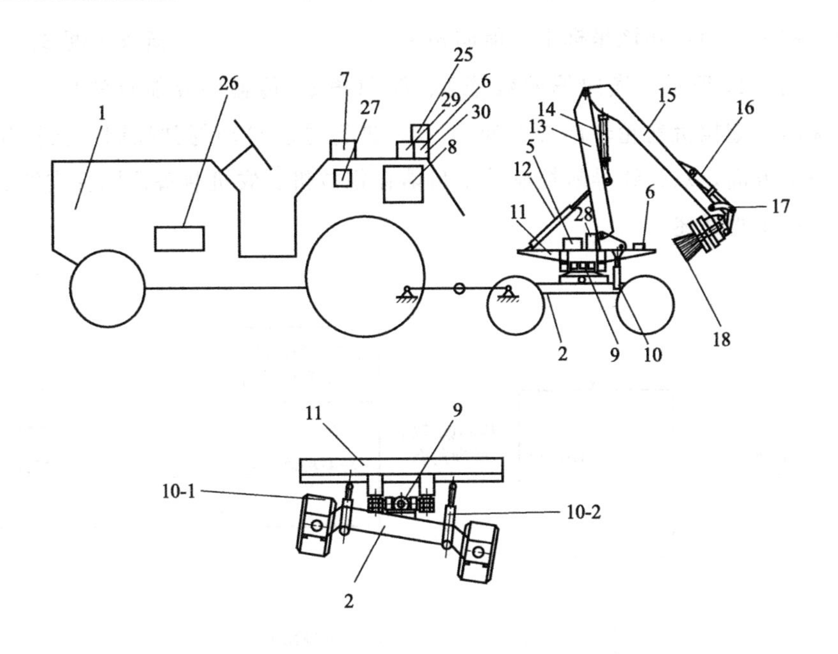

图 4-16 北斗 GNSS 安装示意图

1—拖拉机；2—清洗机底盘；5—负荷敏感液压控制阀组；6—倾角传感器；7—电子控制装置；8—拖拉机多路输出阀组；9—万向铰接关节；10-1—左调平缸；10-2—右调平缸；11—作业平台；12—动臂油缸；13—动臂；14—斗杆油缸；15—斗杆；16—摇臂油缸；17—摇臂；18—滚刷；25—显示装置；26—拖拉机前轮转向控制阀组；27—拖拉机三天线 GNSS；28—清洗机三天线 GNSS；29—拖拉机导航控制装置；30—清洗机调平控制装置

拖拉机和清洗机均安装有三天线 GNSS，为保证测量精度，减少车载控制器计算量，要求三天线成等腰三角形安装，且顶点位于拖拉机纵向对称中心平面上，边长间距大于 1m 以上，RTK GNSS 定位精度可以达到厘米级别，适当地加长天线边长可提高姿态测量精度。

拖拉机牵引式清洗机行走控制系统包括：显示装置 25、拖拉机导航控制装置 29、清洗机调平控制装置 30、拖拉机三天线 GNSS 27、清洗机三天线 GNSS 28；其中每一个 GNSS 均包括一个移动站和三个天线，两个移动站可以共用一个基站。

显示装置 25 作为人机接口，可以设置作业机组行走路径，实时显示清洗机行走坐标位置、作业平台 11 的水平度。

拖拉机导航控制装置 29 接收拖拉机三天线 GNSS 27 数据，经过运算后，输出拖拉机重心坐标（x_t, y_t, z_t），横向偏差数据 b、拖拉机姿态数据。拖拉机姿态数据包括：在该坐标下，航向角度 ψ_t、俯仰角度 θ_t、横滚角度 ϕ_t。

如图 4-17 所示，横向偏差数据 b、航向角 ψ_t 传输到导航算法模块 S12，计算输出至拖拉机前轮转向控制阀组 26，进行导航自动驾驶控制。在拖拉机导航技术方面，双天线导航控制技术目前在拖拉机、农机装备领域有成熟的技术，此处不再详述。

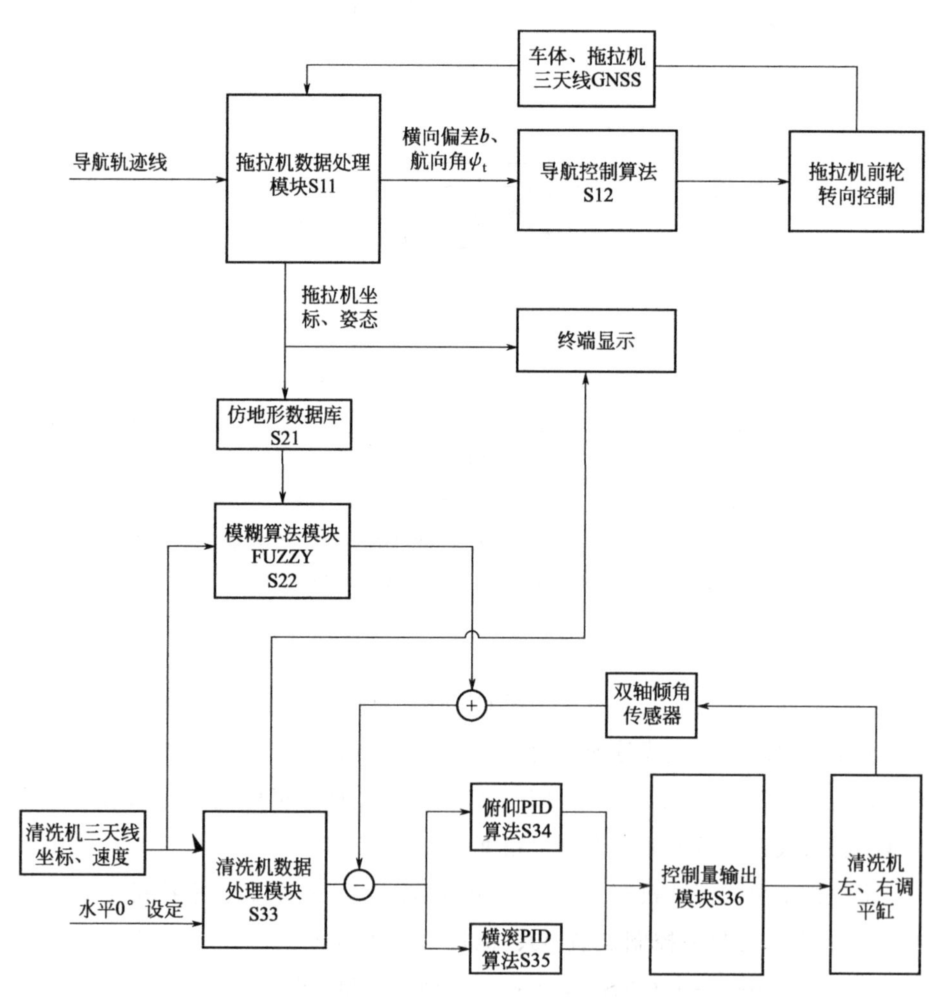

图 4-17　拖拉机牵引式清洗机调平控制过程流程图

在调平技术方面，清洗机调平控制装置30所必须具备的算法包括：清洗机数据处理算法模块S33、俯仰PID S34和横滚PID S35、控制量输出控制算法模块S36。其中清洗机数据处理算法模块S33计算得出清洗机底盘姿态；数据处理算法模块还包括基于拖拉机姿态数据的算法模块S11以及根据拖拉机姿态数据设计的仿地形数据库S21进行地形识别的模糊识别算法S22；调平控制算法模块根据姿态数据利用俯仰PID模块S34和横滚PID模块S35计算输出控制量，还包括能够根据地形识别进行模糊推算的模糊控制算法S22；控制量输出控制算法模块S36上根据俯仰PID模块S34和横滚PID模块S35输出的控制量，进行控制量融合，并输出控制电磁阀。

拖拉机姿态数据：拖拉机航向角度ψ_t、拖拉机俯仰角度θ_t、拖拉机横滚角度ϕ_t、行走速度v_t及拖拉机重心坐标（x_t,y_t,z_t），一方面实时地传输到仿地形数据库S21进行存储，作为地形的变化数据；另一方面发送给终端显示装置25，进行实时显示。

清洗机调平控制装置30接收清洗机三天线GNSS 28数据，经数据处理算法模块S33运算后，输出清洗机重心定位坐标（x_q,y_q,z_q）。清洗机底盘姿态数据包括：清洗机航向角ψ_q、清洗机俯仰角θ_q、清洗机横滚角ϕ_q，输入到俯仰PID模块S34、横滚PID模块S35，计算得出左右液压缸的控制量u_L、u_R。

调平控制算法如下。

基于清洗机姿态数据的调平控制算法：将作业平台11的理想俯仰角度设定值和理想横滚角度设定值分别设置为0°，实时地提取清洗机底盘2的横滚角度、俯仰角度，分别输入至俯仰控制PID控制器S34和横滚控制PID控制器S35，分别经PID运算后，计算左右液压缸的控制量u_L、u_R，由控制量输出模块S36输出至相应电磁阀控制左右调平缸10-1、10-2的动作。

基于清洗机姿态数据的调平控制算法还包括：清洗机调平控制装置30一方面读取存储在仿地形数据库S21中的拖拉机定位数据（x_t,y_t,z_t）、实时行走速度v_t和相对应的拖拉机姿态航向角度ψ_t、俯仰角度θ_t、横滚角度ϕ_t；另一方面读取清洗机的定位坐标（x_q,y_q,z_q），不断地比较（x_t,y_t,z_t）和（x_q,y_q,z_q）的数据，先经过FUZZY模糊识别算法，实时感知清洗机的地形变化，再经仿地形模糊控制器S35运算后，输出仿地形补偿量作为反馈值的一部分，与双轴倾角传感器反馈值相加后，分别输入至俯仰控制PID控制器和横滚控制PID控制器，参与控制左右调平缸的动作。

基于GNSS的拖拉机牵引式太阳能清洗机的调平控制方法，包括以下步骤：

① 接收清洗机三天线GNSS 28输入信号，进行数据处理，输出清洗机当下重心定位坐标（x_q, y_q, z_q），计算清洗机底盘2的姿态数据，包括清洗机航向角ψ_q、清洗机俯仰角θ_q、清洗机横滚角ϕ_q，进入下一步骤。

② 提取仿地形数据库S21数据，该数据包括：拖拉机导航控制器29不断存储的拖拉机重心的定位数据（x_t, y_t, z_t），实时行走速度v_t和相对应的拖拉机姿态航向角度ψ_t、俯仰角度θ_t、横滚角度ϕ_t，进入下一步骤。

③ 比较拖拉机重心的定位坐标和清洗机重心的定位坐标，获取当下清洗机相应的地形信息，并模糊识别相关地形是否有土坑和土埂。若有，则加强反馈环节信号强度，加强PID输出控制，若无，则进入下一步骤。

④ 俯仰控制PID控制器S34和横滚控制PID控制器S35分别接收清洗机的姿态数据、双轴倾角传感器的数据、模糊控制算法模块S22输出的地形补偿量，实现融合后作为反馈数据与0°进行比较得到偏差，参与PID调节控制，经输出量控制模块输出控制左、右调平缸10-1、10-2动作，进入下一步骤。

⑤ 倾角传感器6实时检测作业平台11的俯仰角度、横滚角度，进入下一步骤。

⑥ 重复步骤①～⑤。

拖拉机牵引式清洗机控制算法流程图见图4-18。

技术总结：

① 保证了拖拉机清洗机作业机组按照一定的距离与太阳能板阵列平行行走。

② 保证当路面突然出现坑洼或土埂时，调平系统能够及时反应，工作平台一直保持水平状态，保证拖拉机清洗机作业机组高效工作。

③ 通过拖拉机牵引实现行走功能，通过拖拉机液压输出为清洗机提供液压泵站的功能，保证跟自走式清洗机实现同样功能的条件下，大大降低清洗机的制造成本，同时增加拖拉机的利用率，可以跟满足动力要求和液压输出流量要求的任一拖拉机配套使用。

4.4.3 拖拉机牵引式清洗机线控转向技术研究

目前在大功率拖拉机领域，转向系统均采用全液压转向器，由转向盘驱动全液压转向器。在定量液压系统中，转向泵输出液压油，液压油经转向器进入转向油缸，从而控制拖拉机前轮的转向角度。在负载敏感变量液压系统中，通过负载敏感泵给转向器提供液压油。

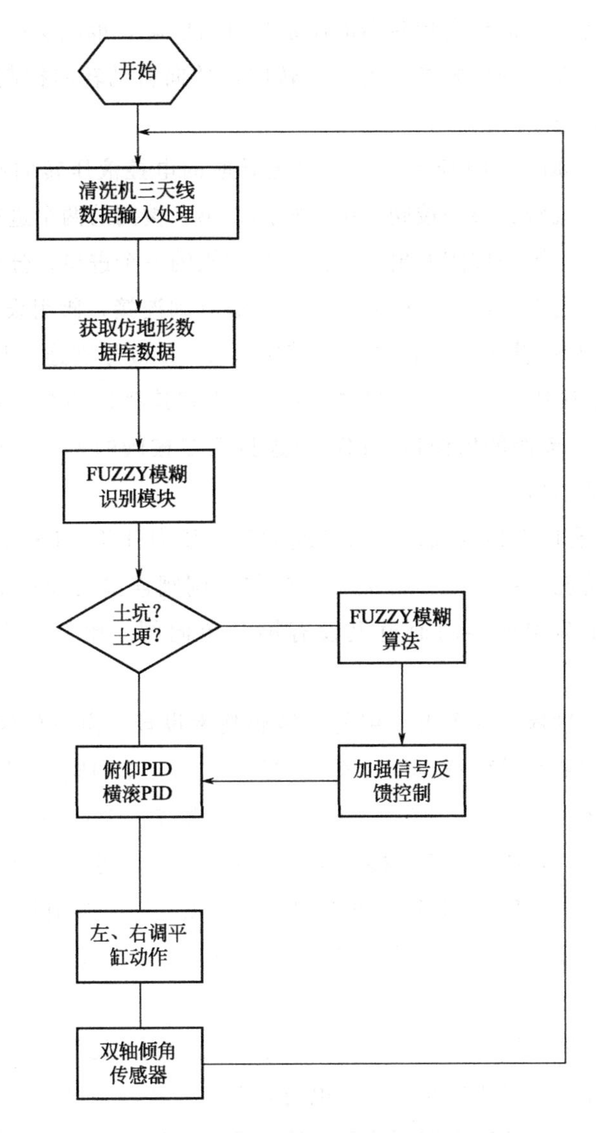

图 4-18　拖拉机牵引式清洗机控制算法流程图

拖拉机牵引式清洗机卫星精确导航要求，在自主驾驶状态中，由电控液压转向阀组控制转向油缸，实现精确的比例控制；在驾驶员手动驾驶时，由全液压转向器控制转向油缸的动作。因此基本要求电控液压转向阀组和原全液压转向器能够兼容，既能满足变量系统的安装要求，也能满足定量系统的要求。而在现有技术中，还未有成熟的技术能够完全满足上述要求。

在此提供一种基于卫星导航的电控液压转向阀组，本阀组能够实现跟全液压转向器的兼容，既能跟定量转向液压系统进行匹配，也能实现变量转向液压系统的匹配；能够感知驾驶员手动干预转向，并向自动转向控制器发出信号，消除自动控制状态。

技术方案：如图 4-19 所示，基于卫星导航的电控液压转向阀组包括比例阀、分流阀、溢流阀、第一梭阀、第二梭阀，第一梭阀的两个进口分别连接比例阀的两个出口，第一梭阀的出口连接第二梭阀的一个进口，分流阀采用三通压力补偿器，其遥控口与第二梭阀的出口、溢流阀连接；阀组设置 A、B、P、T、EF、LS_1、LS_2 共 7 个连接油口，其中，A、B 口分别连接比例阀的两个出油口，P 口连接比例阀、分流阀的进油口，T 口连接比例阀、溢流阀的回油口，EF 口连接分流阀的出油口，LS_1 口连接第二梭阀的另一个进口，LS_2 口连接第二梭阀的出口。

EF 口处设有用于检测该口压力情况的第一压力开关，LS_1 口处设有用于检测该口压力情况的第二压力开关。A 口与比例阀连接的通道上设有第一单向阀，B 口与比例阀连接的通道上设有第二单向阀。比例阀为三位四通比例阀。

具体的工作过程：本阀组采用复合敏感技术设计，由三位四通比例阀 1、分流阀 2、溢流阀 3、第一梭阀 4、第二梭阀 5、第一单向阀 6、第二单向阀 7、第一压力开关 8、第二压力开关 9 组成；阀组设置 7 个连接油口，A 口、B 口用于连接转向油缸，P 口用于连接转向泵出油口，T 口用于连接拖拉机转向油缸；在定量系统中，LS_1、LS_2 口用丝堵堵上，EF 口连接拖拉机原车转向器进油口，变量系统中，EF 口用丝堵堵上，LS_1 对应连接全液压转向器 LS、LS_2 对应连接正常变量泵 LS 口。

基本原理：液压油从 P 口进入阀组，利用三位四通比例阀 1 实现 A 口、B 口的变量比例控制。当比例阀 1 不得电时，A 口、B 口在第一单向阀 6、第二单向阀 7 的作用下，油缸中液压油不会反向流入电控转向阀。本技术采用三通压力补偿器作为分流阀 2。其一，其遥控口通过阻尼孔与第二梭阀 5 相连，第一梭阀 4、第二梭阀 5 将负载最高压力选择后作用于分流阀 2 遥控口，分流阀 2 进油口与比例阀 1 的进油口相连。因此在比例阀 1 得电工作时，其进油口和出油口的压差等于分流阀弹簧的压力，基本保持不变，比例阀 1 的流量只与开口大小有关，与负载压力的变化无关。其二，在定量系统中，分流阀 2 将多余流量分流至其他回路。

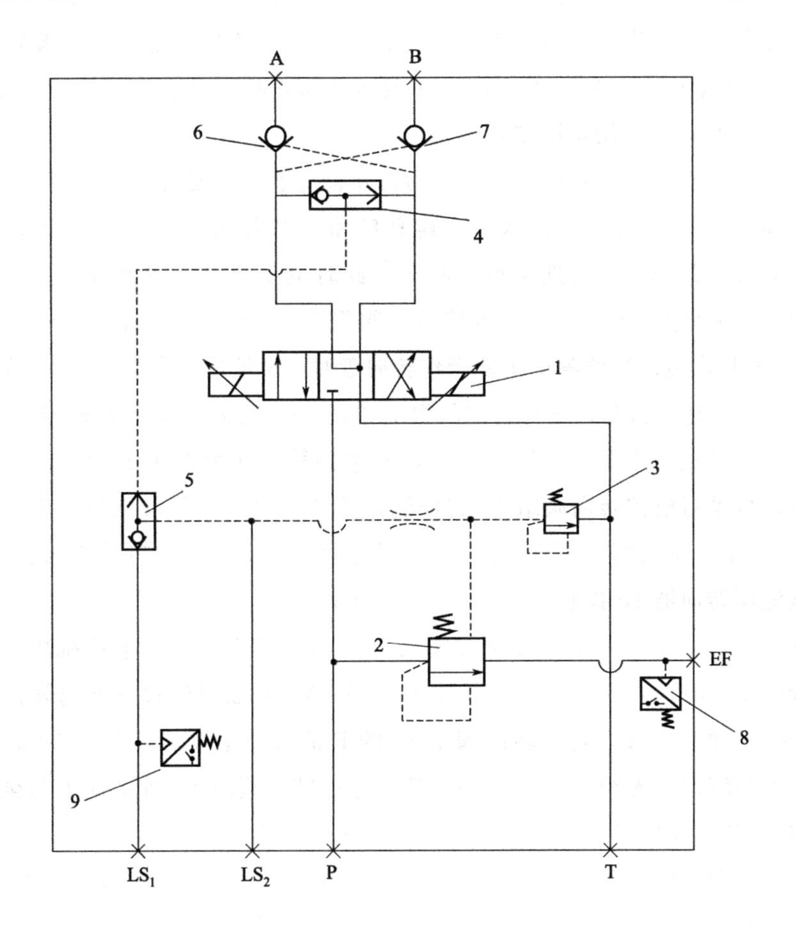

图 4-19 电控液压转向阀组原理图

1—比例阀；2—分流阀；3—溢流阀；4—第一梭阀；5—第二梭阀；6—第一单向阀；7—第二单向阀；8—第一压力开关；9—第二压力开关；

该电控转向阀组的第一压力开关 8、第二压力开关 9 分别检测 EF 口压力、LS_1 口压力状态。在定量系统中，EF 口连接全液压转向器进油口。当转动转向盘，EF 口呈高压状态，第一压力开关 8 有高压电信号输出；在负荷敏感变量系统中，LS_1 口连接转向器 LS 口，当转动转向盘，LS_1 呈现高压状态，第二压力开关 9 有高压电信号输出。当第一压力开关 8 或第二压力开关 9 有高压信号输出时，通知导航控制器，使电控转向阀组失电。

如图 4-20 所示为本阀组与定量式全液压转向器兼容连接系统。在该系统中，本电控转向阀组 13 油口 A、B，全液压转向器 10 的 A、B 经过三通与转向油缸 12 的 A、B 油口连接，电控转向阀组 13 的 EF 油口与全液压转向器 10 的 P 口连接，油泵出油口与电控转向阀组 13 的 P 口连接，电控转向阀组 13 回油口 T 与全液压转向器 10 的回油口 T 经过三通并联后回油箱，电控转向阀组 13 的 LS_1 、LS_2 油口用丝堵堵死。

当卫星导航自主驾驶系统处于自动驾驶状态下，驾驶员不操作转向盘，此时全液压转向器 10 处于中位状态，其 P 口和 T 口相通，全液压转向器 10 处于卸荷状态，其 A、B 口处于截止状态。此时卫星导航自主驾驶系统输出指令，电控转向阀组 13 得电，由电控转向阀组 13 控制转向油缸 12，全液压转向器 10 不起作用；当驾驶员手动操作转向盘时，全液压转向器 10 处于左位或右位，P 口呈高压状态，电控转向阀组 13 的第一压力开关 8 检测 EF 口呈高压状态，卫星导航自主驾驶系统的控制器检测到第一压力开关 8 的高压状态信号，自动取消对电控转向阀组 13 的控制，系统脱离自动驾驶状态，电控转向阀组 13 在第一单向阀 6、第二单向阀 7 的作用下，其 A、B 口处于截止状态，此时全液压转向器 10 控制转向油缸 12 的动作。

如图 4-21 所示为与负荷敏感全液压转向器兼容系统。在本系统中，电控转向阀组 13 油口 A、B，全液压转向器 10 的 A、B 油口经过三通与转向油缸 12 的 A、B 油口连接，电控转向阀组 13 的 P 油口与全液压转向器 10 的 P 口经过三通与转向优先阀 11 的 CF 口相连。电控转向阀组 13 回油口 T 与全液压转向器 10 的回油口 T 经过三通并联后回油箱，电控转向阀组 13 的 LS_1 口与全液压转向器 10 的 LS 口相连，电控转向阀组 13 的 LS_2 与转向优先阀 11 的 LS 口相连，电控转向阀组 13 的 EF 口用丝堵堵死。

当卫星导航自主驾驶系统处于自动驾驶状态下，驾驶员不操作转向盘，此时负荷敏感全液压转向器 10 处于中位状态，其 A、B 口截止，P 口和 T 口处于高阻状态，全液压转向器 10 的液压油流量接近零。此时卫星导航自主驾驶系统输出指令，电控转向阀组 13 得电，由电控转向阀组 13 控制转向油缸 12，全液压转向器 10 不起作用，当电控转向阀组 13 也处于中位时，液压油经过转向优先阀 11 的 EF 口至其他液压油路；当驾驶员手动操作转向盘时，全液压转向器 10 处于左位或右位，P 口呈高压状态，电控转向阀组 13 的第二压力开关 9 检测 LS_1 口呈高压状态，卫星导航自主驾驶系统的控制器检测到第一压力开关 8 的高压状态信号，自动取消对电控转向阀的控制，系统脱离自动驾驶状态，电控转向阀在第一单向阀 6、第二单向阀 7 的作用下，其 A、B 口处于截止状态，此时全液压转向器 10 控制转向油缸 12 的动作。

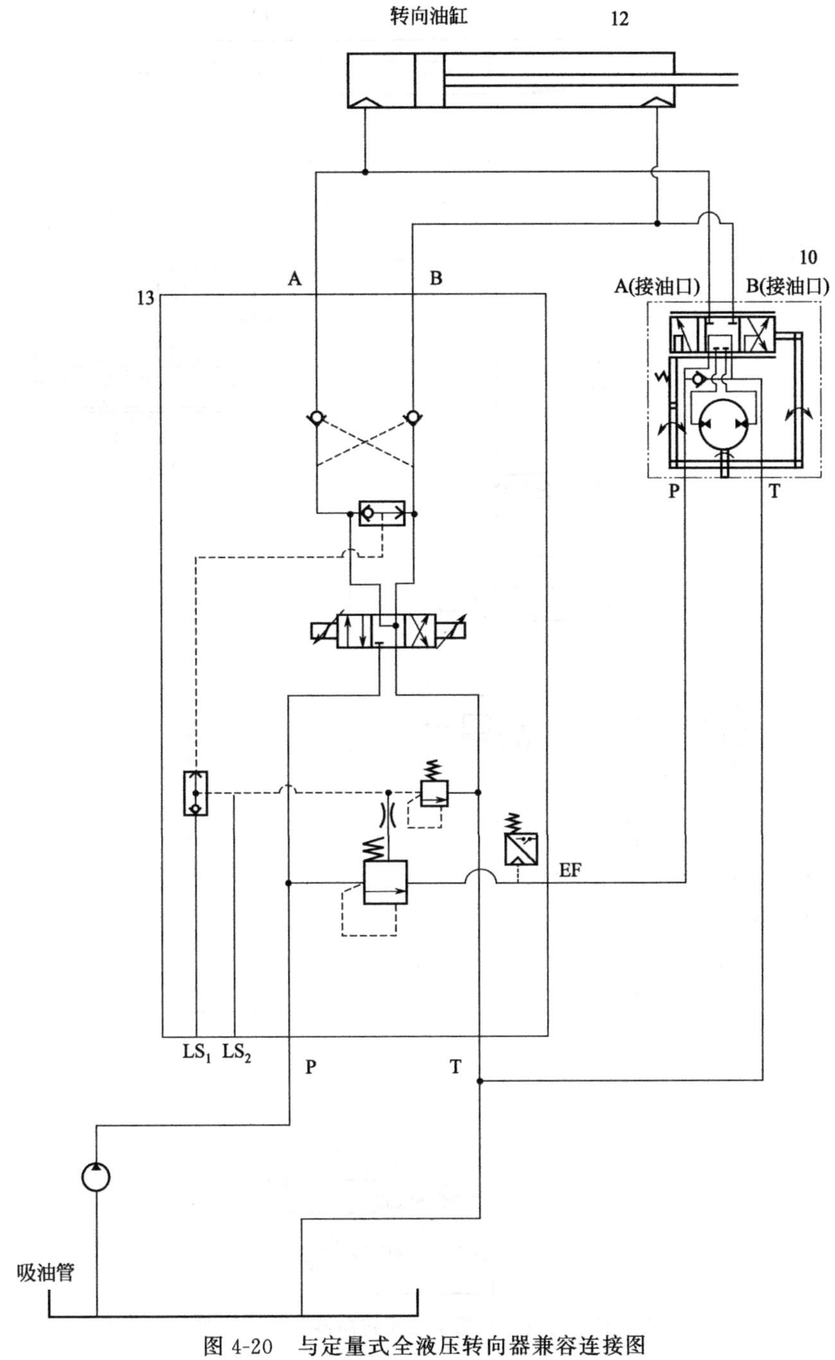

图 4-20 与定量式全液压转向器兼容连接图

10—全液压转向器；12—转向油缸；13—电控转向阀组

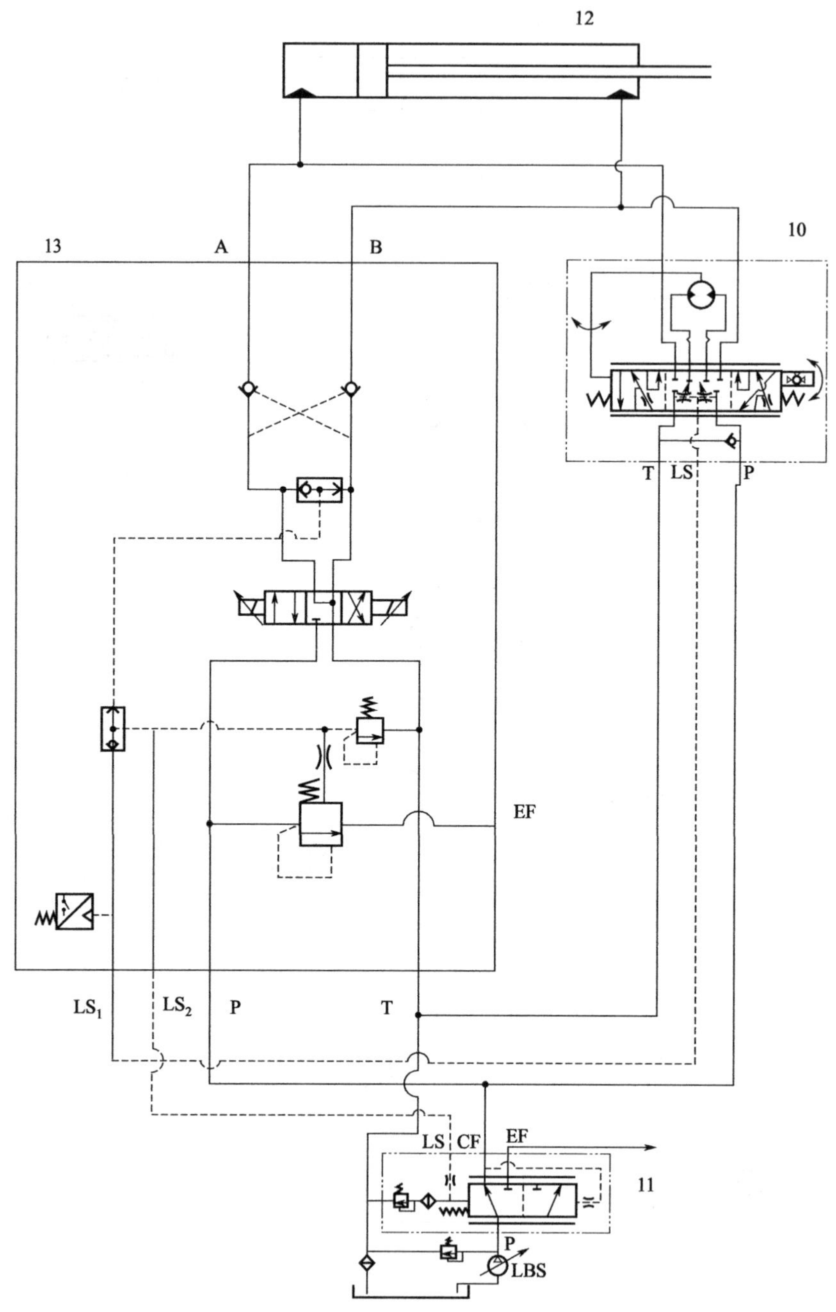

图 4-21 与负荷敏感全液压转向器兼容连接图

10—全液压转向器；11—转向优先阀；

12—转向油缸；13—电控转向阀组

技术总结：

本章提出了一种适用于卫星导航的拖拉机自主驾驶电控转向阀组，该电控转向阀组既适用于定量式全液压转向器，也适用于负荷敏感变量式全液压转向器，具有广泛的兼容性；该电控转向阀组通过设置压力开关，能够检测全液压转向器的工作状态，便于实现自主驾驶系统的自动化控制；该电控阀组能够保证油泵的工作压力只比转向油缸的工作压力大一个弹簧的设置压力（约0.7bar)，减少了发热量，实现了节能的目的。

第5章

太阳能板清洗机关键部件优化匹配

太阳能板清洗机的使用要求如下：

① 发动机：增压功能的国三以上排放标准发动机，适合高原缺氧地区作业，并可出口欧美等对排放要求较高的国家和地区。为简化结构，应用液压发电机驱动吸尘电机，配备蓄水桶、储尘器。

② 清洗机整机参数：

• 总质量 8.5t；

• 燃油储量和清洗液储量可连续作业 10h 以上；

• 行驶速度 4km/h；

• 清洗作业行走速度 1km/h；

• 滚刷运输状态纵向放置在车辆一侧或正前方，滚刷静电自动消除。

③ 清洗机工作装置：

• 采用组合式工作装置，四级清洗（滚刷、吸尘、喷雾、清扫），可分别、复合作业（选择太阳能板清洁度自识别、清洗级别及吸尘强度和喷雾浓度自动调节）；

• 操控臂架采用三级折臂，180°左右回转作业。

④ 清洗机行走底盘：

• 恒速直行，自动纠偏，能够按照预定轨迹平行于太阳能板阵列行驶；

• 工作平台自动调平，适应不同路面。

⑤ 清洗机操控方面：

• 根据光伏太阳能板不同高度和角度以及工作装置相对于太阳能板的姿态，

预先通过臂架的双作用液压油缸，实现各级臂角度、幅度的自动和手动调节；

• 清洗机在行驶过程中要求保证按预定轨迹行驶，并且工作平台始终保持水平状态，可以通过手动或远程控制清洗机工作装置进行清洗作业。

5.1 清洗机工作装置关键部件匹配研究

5.1.1 蒸汽雾化装置参数估算

(1) 水消耗量估算

光伏发电站太阳能板尺寸规格 1960mm×990mm×35mm。假定在每个太阳能板形成水雾薄膜厚度 0.5～1mm，则一个太阳能板需要消耗水量约：

$$V=1960\times990\times(0.5\sim1)=0.000997\sim0.00194(\mathrm{m}^3)$$

因此，1t 水可以清洗 500～1000 块太阳能板。

清洗机设计工作速度 1km/h，每块太阳能板宽度 0.99m，则清洗机每小时清洗的太阳能板数量：

$N=1000/0.99>1000$ 块去除太阳能板之间的间隙和清洗机往返掉头时间，则清洗机每小时约消耗 1t 水。

(2) 喷嘴流量匹配计算

经查表，一个大气压下，120℃水蒸气的密度为 0.566kg/m^3，则 1t 水蒸气的体积：

$$V_Q=1000/0.566=1766.8(\mathrm{m}^3)$$

通过气体状态方程（$pV/T=$常数）来计算，温度取华氏度，取蒸汽温度为 120℃，得到在 6bar[1] 压力下的 1t 120℃水蒸气体积：

$$V_2=1766.8/6=294.5(\mathrm{m}^3)$$

则每小时整个工作装置喷嘴最大流量为 294.5m^3/h。因此，清洗机需要携带 4t 水，可产生 120℃、6bar 压力下水蒸气的体积约为：

[1] $1\mathrm{bar}=10^5\mathrm{Pa}$

$$V_{总}=4\times294.5=1178(m^3)$$

可满足 4h 的连续作业。

(3) 蒸汽发生系统功率估算

水的汽化热为 40.8kJ/mol，相当于 2260kJ/kg。

假定从 25℃加热到 120℃，则需要热量

$$Q=2\times2260=4520(kJ/kg)$$

清洗机在 1h 内将 1t 水变成 120℃水蒸气所需功率：

$$W=4520\times1000/3600=1.25(kW)$$

采用液压马达驱动发电机，发电供给蒸汽发热使用，选定发电机效率 0.9，则

发电机功率：1.25/0.9=1.4(kW)

液压马达传动效率取 0.6，则

液压马达功率：1.4/0.6=2.325(kW)

5.1.2 清洗机吸尘装置参数估算

风机作为吸尘装置的核心部件，对清扫作业起到至关重要的作用，在滚刷前面产生较大的负压，将太阳能板上的垃圾吸走，清扫车一般采用高压离心式工业通风机，该风机厂家会提供。风机一般根据清洗机实际工作中所需的风量、风压造型，而风量和风压由清洗机工作装置的管路系统决定，即在给定管路系统的一个固定的体积流量 Q 下，在管路中会产生压力损失和流阻，一个固定的管路系统都会得到一条阻力抛物线，如图 5-1 所示，管路阻力曲线和风机性能曲线产生交叉点 A 点，即设计工况点。

考虑到工作中风机的风量和风压不是恒定不变的，当太阳能面板情况发生变化时，引起气流含沙度和管路流动情况也发生变化。为保持清洗机工作装置较高的清洗效率，需要对清洗机工况点进行调整，使风机的风量和风压与管路系统重新达到一个平衡状态，最简单的办法就是调高风机转速，风机转速的改变会引起风机工况点发生改变，应用离心式风机的相似性准则，可以得到以下公式：

$$\frac{Q_1}{Q_2}=\frac{n_1}{n_2} \tag{5-1}$$

$$\frac{P_1}{P_2}=\frac{n_1^2}{n_2^2} \tag{5-2}$$

$$\frac{N_1}{N_2}=\frac{n_1^3}{n_2^3} \tag{5-3}$$

式中　n——风机的转速；

P——风机的压力；

Q——风机的流量；

N——风机的功率。

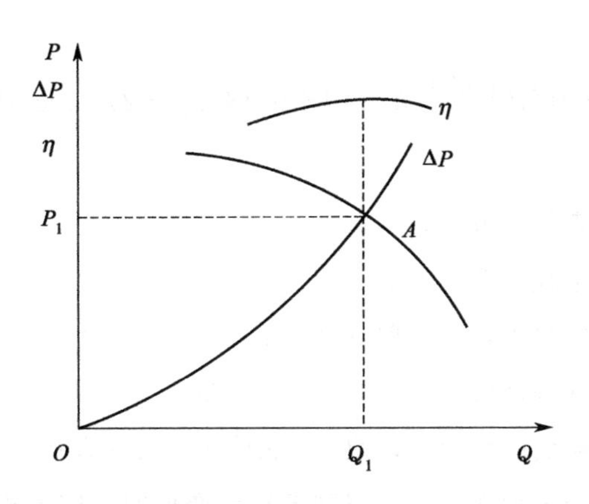

图 5-1　风机性能曲线与管路阻力曲线

由上述公式可知，通过转速调整可以改变风机的工况点，如图 5-2 所示。

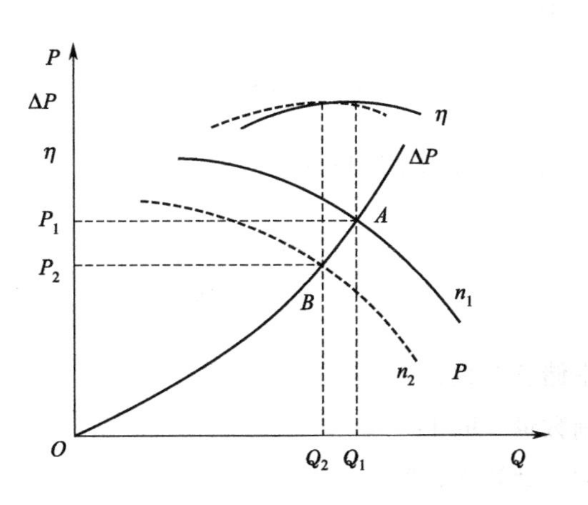

图 5-2　改变转速对风机参数的影响

假定风机额定工况，A 点功率 $P_e=12kW$，风机由液压马达进行驱动，通过改变液压马达的流量即可改变风机转速，在保证风机 90% 的效率情况下，可以改变转速，使工况点移动到 B 点。

5.1.3 清洗机滚刷驱动马达参数估算

滚刷接地压力可用以下经验公式计算

$$P=5.3\times10^3 d\left[\frac{EJ}{L}\right]^2 h^{\frac{1}{3}} z[1+0.18(v_m-2)]\arccos\left(1-\frac{h}{r_m}\right) \tag{5-4}$$

式中 d——刷毛直径，取材料为塑料；

r_m——滚刷半径，取 0.4m；

L——刷毛的自由长度，取 0.25m；

E——刷毛的弹性模量，取 0.8×10^{11}Pa；

J——刷毛断面的惯性矩，取 $J=\pi d^4/64=1.9\times10^{-12}m^4$；

h——刷毛的最大变形量，当刷毛最大变形时，刷毛或以侧面开始沿路面滑动，减小其自由长度，因此，取 0.03m；

v_m——盘刷的圆周线速度，取 $v_m=4m/s$；

z——工作刷毛的数量，根据刷毛痕迹在路面上的重叠条件，取 2000。

由以上参数，求得

$$P=2.7kN$$

克服刷毛和路面间摩擦力所需的功率

$$P_a=KN\frac{P\mu(v+v_m)}{1000\eta} \tag{5-5}$$

式中 K——功率储备系数；

N——盘刷数量，取 1；

η——机械传动效率，取 0.9；

μ——摩擦系数，取 0.1。

求得，$P_a=4.6kW$

5.2
履带清洗机行走装置关键部件匹配研究

首先要确定液压系统工作压力和流量。液压系统工作压力是指液压系统在正常运行时所能克服外载荷的最高限定压力，但在实际工作过程中，系统压力是随着载荷大小的不同而变化的。取整车行驶阻力的60%作为单边驱动的行驶阻力。

$$F_{KS}=0.6F_K$$

$$P_{KS}=0.6F_K\times v_{max}/(1000\eta_r\eta_\delta) \tag{5-6}$$

$$M_{KS}=\frac{F_{KS}r_k}{\eta_K} \tag{5-7}$$

式中　F_{KS}——清洗机履带单边牵引力；

M_{KS}——清洗机单边驱动力矩；

v_{max}——清洗机最大作业速度，取4km/h；

η_r——履带驱动端效率，取0.96；

η_δ——履带速度效率，取0.96。

设轮边减速机构传动比为i，传动效率为η_L，马达轴转速为n_m，驱动链轮转速为n_L，马达负载力矩T_L，则：

$$T_L=\frac{F_{KS}r_k}{i\eta_L\eta_r} \tag{5-8}$$

作业工况下，液压马达的工作压力

$$P_m=\frac{2\pi T_L}{\eta_{mt}q_m} \tag{5-9}$$

式中　q_m——马达排量；

η_{mt}——马达机械效率，取0.95；

P_m——液压马达工作压力。

液压马达的流量 Q_m 由最大作业速度和非作业工况最大行驶速度所决定。

$$Q_m=\frac{n_m q_m}{\eta_{mv}} \tag{5-10}$$

式中 n_m——马达转速；

η_{mv}——马达容积效率。

$$Q_m=\frac{\eta_{max} i q_{mmax}}{2\pi r_k \eta_{mv}(1-\delta_H)} \tag{5-11}$$

式中 q_{mmax} 为马达的最大排量。

δ_H 取 0.04，液压马达减速比取值 $i=100$。

清洗机 8.5t，清洗液载重量 4t，考虑光伏发电站有可能建立在坡上，最大爬坡能力 35°，经上述公式计算可得：

清洗机单边马达 $P_{KS}=11.2$kW

最高压力 $P_m=18.6$MPa

最大流量要求 $Q_m=21$L/min

5.3 拖拉机牵引式清洗机行走装备关键部件匹配研究

5.3.1 拖拉机装备分析

拖拉机装备的牵引性能优良，足以满足轮胎式清洗机的行走动力需求，本节在这一方面不做具体的匹配研究，主要核算液压方面和清洗机的匹配问题。拖拉机的液压系统有 2 种类型：变量式液压系统和定量式液压系统，如图 5-3 和图 5-4 所示。

拖拉机的 2 种液压系统，一般情况变量泵选择排量为 45mL/r，系统压力 21MPa。因为系统发热问题，定量泵系统排量选择较小，一般选择 31mL/r 和 25mL/r，系统压力 16MPa。拖拉机发动机转速一般在 800～2000r/min。

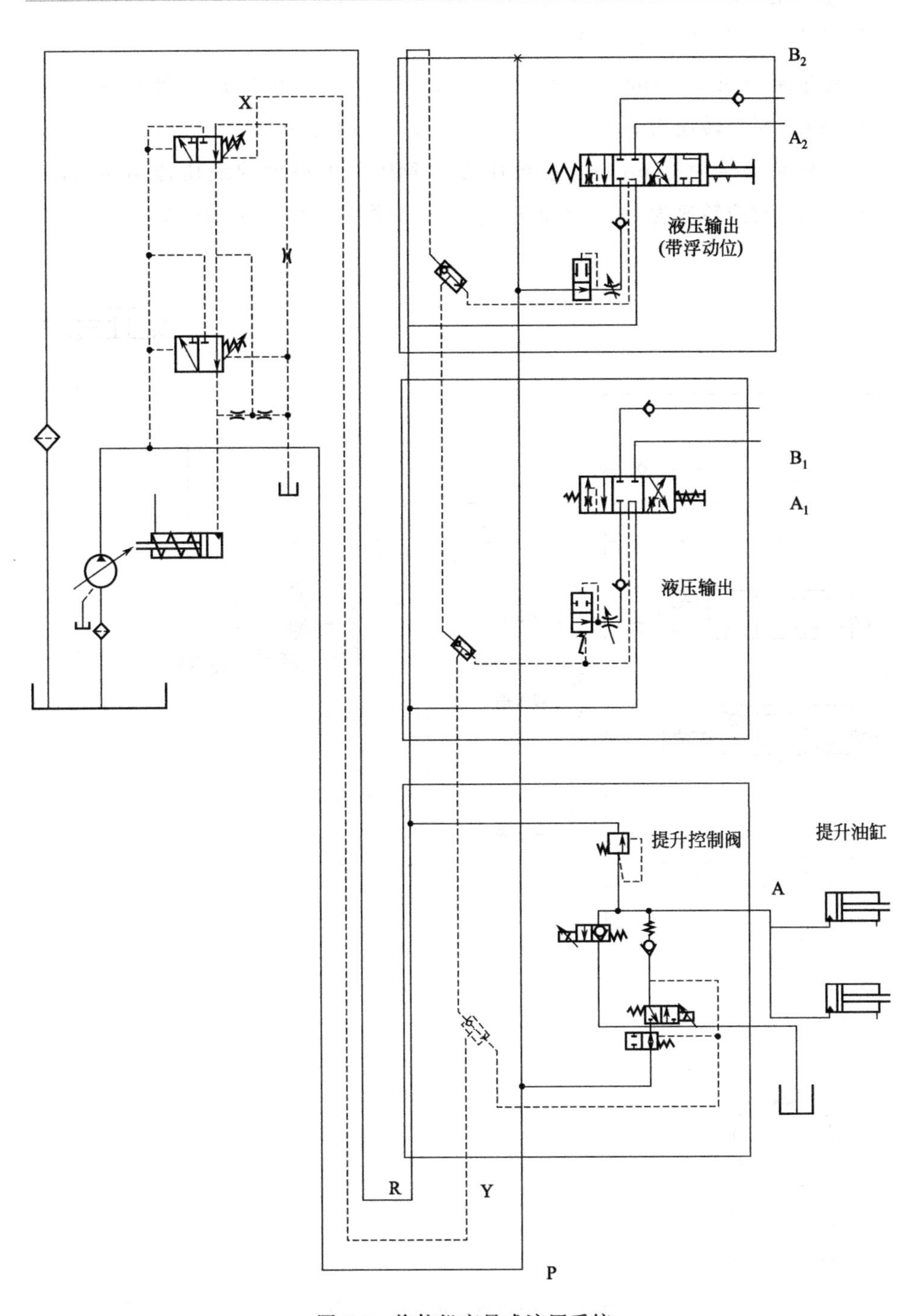

图 5-3 拖拉机变量式液压系统

变量泵可提供的液压流量为 36～90L/min，对应转速为 800～2000r/min，可提供的功率为 12～31.5kW。

定量泵排量为 25mL/r，系统压力 16MPa，可提供的液压流量为 20～50L/min，对应转速为 800～2000r/min，可提供的功率为 4.8～12.5kW。

定量泵排量为 31mL/r，系统压力 16MPa，可提供的液压流量为 24～62L/min，对应转速为 800～2000r/min，可提供的功率为 6～15kW。

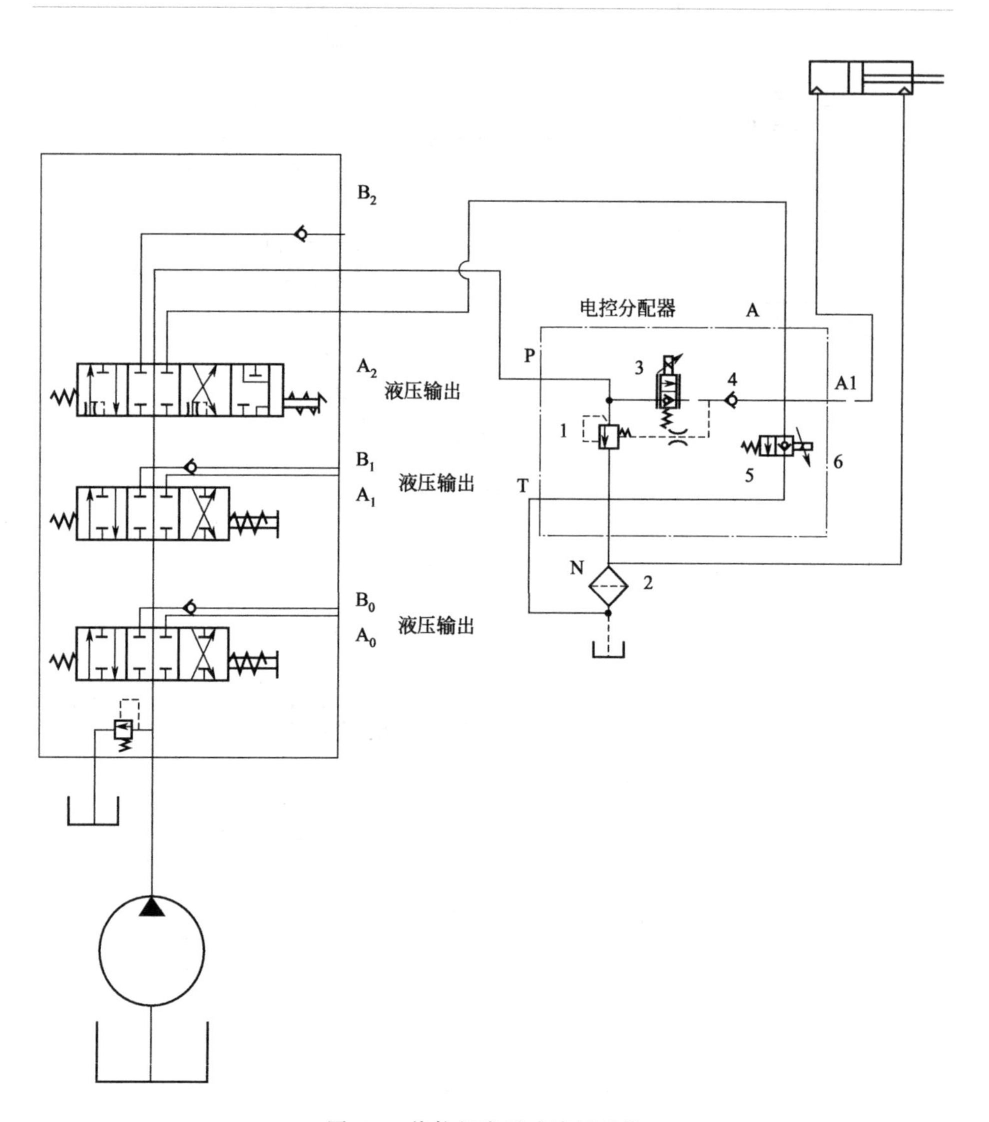

图 5-4　拖拉机定量式液压系统

5.3.2 清洗机工作装置液压分析

由第 3 章太阳能板清洗机工作装置关键技术研究可分析得知，清洗机工作装置的主要动作如下：

① 调平装置：左、右调平油缸。

② 姿态调整装置：动臂油缸、斗杆油缸、摇臂油缸、滚刷回转油缸、回转中心装置回转油缸。

③ 风机驱动马达。

④ 滚刷驱动马达。

清洗机的工作过程：清洗机在工作以前先调整好工作装置的姿态，使滚刷紧贴太阳能板，调整好以后姿态调整装置不再动作，调平装置开启运行，同时风机和滚刷动作，进行清洗作业，因此液压泵同时供油的执行元件要么是姿态调整装置，要么是调平装置、风机驱动马达、滚刷驱动马达。其中，姿态调整装置中的液压油缸也是单独进行调整工作，因此液压油泵完全可以满足需求。所以，只要匹配拖拉机和清洗工作装置的调平油缸、风机马达、滚刷马达的液压油供给即可。

调平油缸动作响应要求：

① 左右调平油缸缸径：63mm；

② 液压缸行程 100mm；

③ 控制方式：比例控制多路换向阀；

④ 清洗机行走速度：1km/h；

⑤ 要求液压缸提升速度达到 50mm/s；

⑥ 左右调平油缸的最大液压流量要求：17.4L/min；

⑦ 左右调平油缸的最大功率要求：4.8kW；

风机的最大需求功率为 6kW，滚刷最大需求功率为 4.6kW。所以在清洗机清洗作业时，最大的液压需求功率为风机、滚刷、调平油缸，合计为 15.4kW。

经参数匹配计算，可以知道：

① 装有变量泵的拖拉机液压系统，可以完全满足需求；

② 装有定量泵的拖拉机液压系统，定量泵的排量需满足大于 30mL/r 的要求；

③ 清洗机各子部件所需功率如表 5-1 所示。

表 5-1 清洗机主要部件功率需求表

部件名称	子部件名称	最低功率需求/kW
清洗机工作装置	蒸汽雾化装置	0.67
	吸尘装置	4.6
	液压调平装置	4.8
清洗机底盘	履带式底盘驱动装置	22.4
	拖拉机牵引式底盘 (拖拉机液压功率要求)	15.4

第6章

太阳能板清洗机试验测试研究

6.1 履带式太阳能板清洗机行走性能测试

6.1.1 履带式太阳能清洗机速度稳定性能测试

清洗机的行走性能，尤其是恒速行走能力是清洗机稳定工作的基本保障。如图6-1所示，将清洗机速度传感器、控制器输出电压、电位计设定值、转向手柄设定值输入到TTC60进行数据采集，其中速度传感器为每秒钟脉冲输出数量。采集控制器TTC60将采集的数据通过CAN发送到数据记录仪，其采样频率50Hz。方案中，TTC60是TTCCONTROL公司的PLC控制器，主要应用于行走机械控制系统中。可以替换成任何一款熟悉的PLC控制器，如EPEC公司的2023或赫思曼公司的IFLEX C3 PLC控制器，数据记录仪可以替换成笔记本电脑，通过Visual Basic、Visual C＋＋、Labwindows等开发软件开发一个简单的能够和CAN通信并存储数据的程序即可。

(1) 测试过程及结果分析

测试过程分成清洗机速度稳定性能测试、清洗机低速性能测试、清洗机正常行驶速度测试。

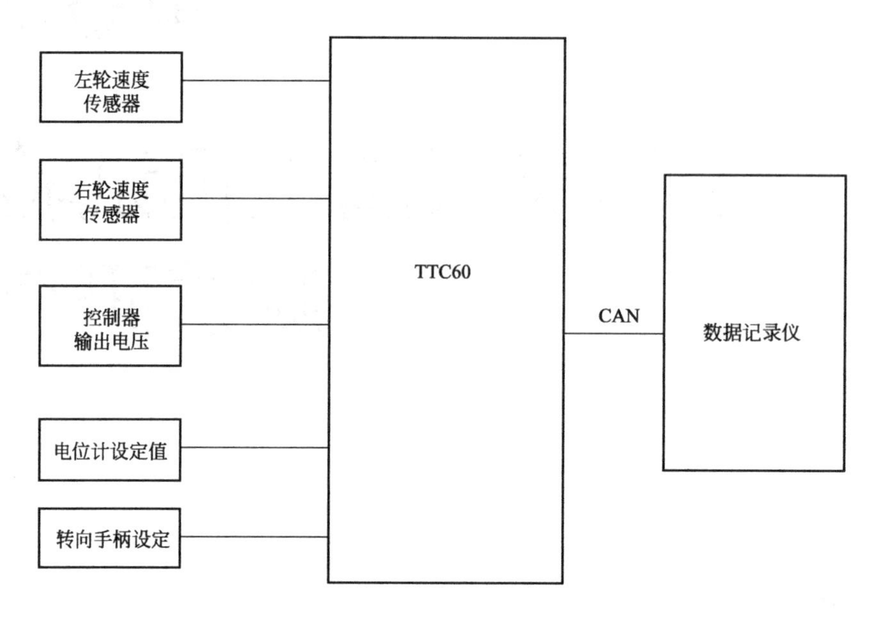

图 6-1 清洗机行走系统测试方案

(2) 速度稳定性测试

所谓速度稳定性是指在清洗机前方 2m 处放一定吨位的卡车（本次测试为 40t），测试清洗机在各种速度行驶中，碰到料车时的速度变化程度，见图 6-2～图 6-4。

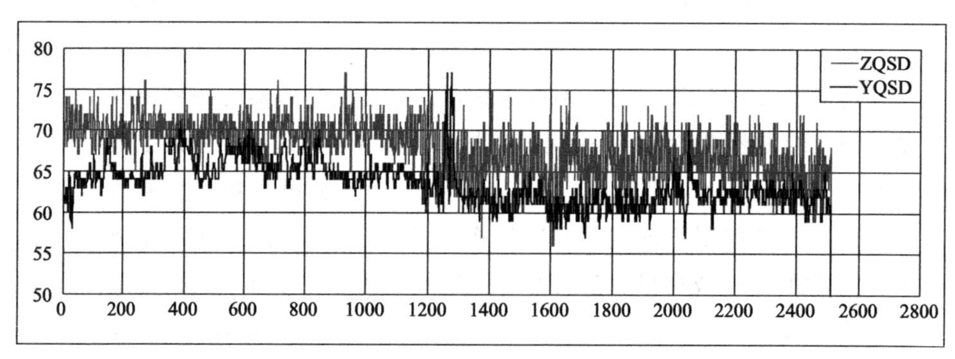

图 6-2 行驶速度 2m/min 稳定性

ZQSD—左轮速度；YQSD—右轮速度

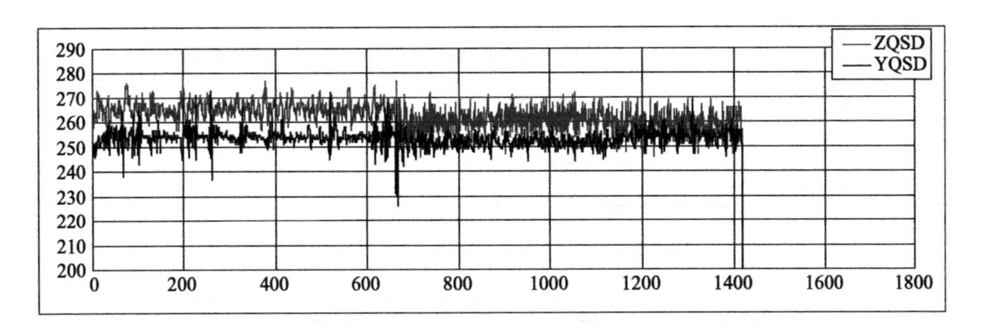

图 6-3 行驶速度 5m/min 稳定性

ZQSD—左轮速度；YQSD—右轮速度

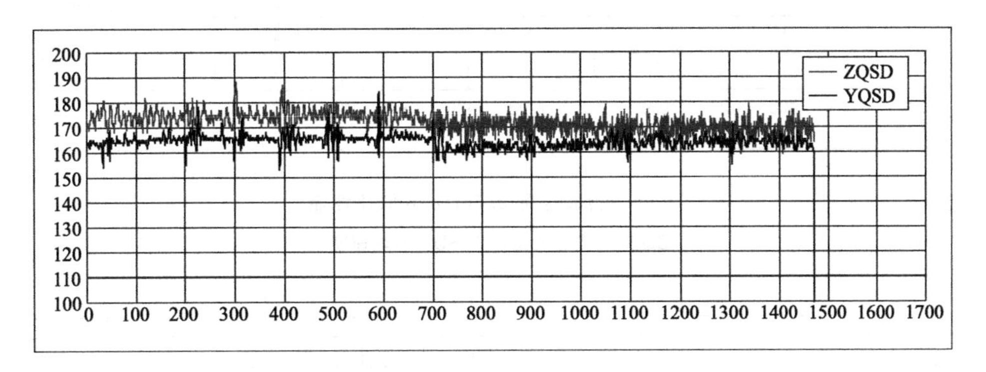

图 6-4 行驶速度 8m/min 稳定性

ZQSD—左轮速度；YQSD—右轮速度

数据分析：图 6-2～图 6-4 说明在加载后，速度降低 5 个脉冲，在速度 2m/min 时，加载的瞬间由原来的 5 个脉冲波动量增加到 30 个脉冲。在 5m/min，加载的瞬间没发现波动量增加 15 个，但是速度均值降低了 5 个脉冲。在 8m/min，加载瞬间，速度波动量为 10 个脉冲，速度均值下降 5 个脉冲。由表 6-1 可知，在低速段，随着速度的增加，遇到负载时，其速度波动量是下降的。

(3) 低速性能测试

测试清洗机在低速状态下从启动到行驶的过程中速度变化情况。选择低速行驶速度为 0.6m/min、1m/min、2m/min 进行测试。结果如图 6-5～图 6-7 所示。

表 6-1　清洗机速度稳定性（遇到负载）

行驶速度	速度波动量（速度传感器脉冲量）	速度降低量（速度传感器脉冲量）
2m/min	30	5
5m/min	15	5
8m/min	10	5

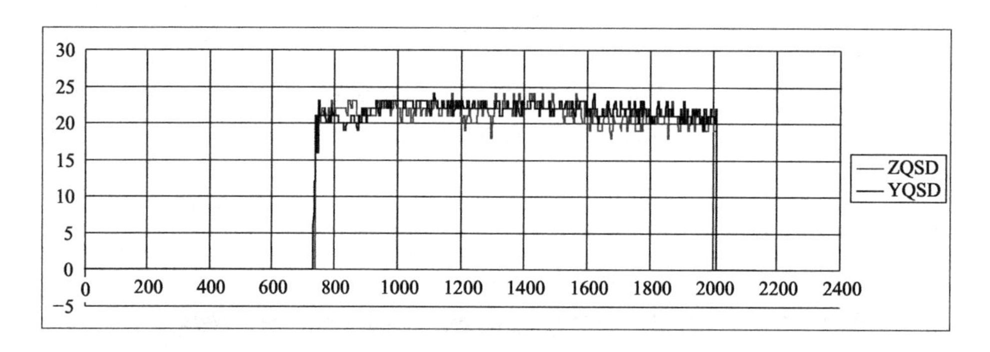

图 6-5　行驶速度 0.6m/min 低速性能

ZQSD—左轮速度；YQSD—右轮速度

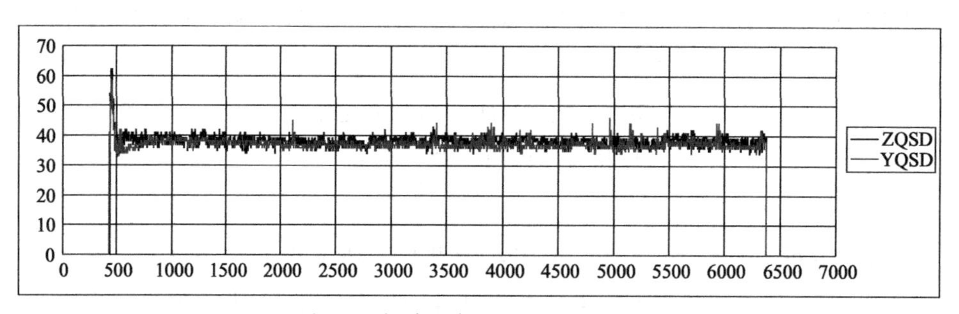

图 6-6　行驶速度 1m/min 低速性能

ZQSD—左轮速度；YQSD—右轮速度

数据分析：图 6-5 中无超调，速度均值重合度较好。图 6-5 中，启动时，超调量 34%，一个振荡周期，速度上升时间约 0.5s，速度均值基本重合，控制精度在 5 个脉冲以内。图 6-6 中超调量 50%，一个振荡周期，速度上升时间约 0.3s，左侧速度均值稍小于右侧速度均值，控制精度在 5 个脉冲以内。如表 6-2 所示，启动速度越低，速度超调量越小，当小于 0.6m/min 后，无超调量。

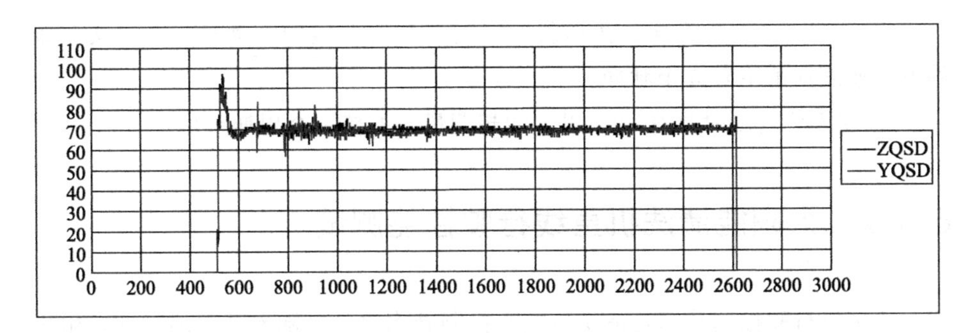

图 6-7 行驶速度 2m/min 低速性能

ZQSD—左轮速度；YQSD—右轮速度

表 6-2 清洗机速度启动性能测试表

行驶速度	速度超调量/%	速度调整时间/s
0.6m/min	0	0
1m/min	34	0.5
2m/min	50	0.3

(4) 正常行驶速度性能测试

在行驶过程中，行驶速度从 2m/min 调整到 4m/min 再到 6m/min，然后再从 6m/min 调整到 4m/min 再到 2m/min。由图 6-8 可以看出：在速度上升过程中超调量>速度均值，在速度下降过程中，超调量低于速度均值，速度变化量很大，在不到 1s 的时间内可以引起很大的加速度，对行驶平稳度影响极大。因此在施工过程中应该尽力避免速度调整。

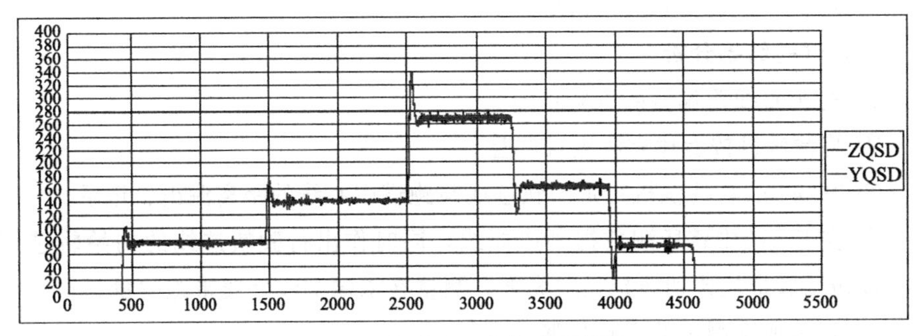

图 6-8 行驶过程中的速度调整

ZQSD—左轮速度；YQSD—右轮速度

总结：

① 在速度稳定性方面，在加载的瞬间速度有一定的波动量，在该实验条件下，速度均值下降5个脉冲。

② 在零位启动时具有20%以上的超调量，振荡一个周期<1s。

6.1.2 太阳能清洗机直线行驶性能测试

清洗机行驶控制技术是清洗机核心控制技术之一。随着技术的发展，用户对设备的操作性能要求越来越高。行走的直线度是清洗机操作性能的重要指标。目前，清洗机行走系统采用双泵双马达驱动履带的行走系统。该系统的控制系统硬件采用以PLC为核心的电子恒速控制系统，包括PLC（控制器）、安装在马达输出轴上的传感器以及控制泵流量的电磁比例阀（执行器）等。控制方案多采用恒速闭环控制，将左右轮分别进行控制，即左右马达的转速与设定值进行比较，采用PID控制方案消除偏差以达到恒速控制的目的。该控制方案缺点是清洗机左、右轮出现偏转，控制系统不能自动纠偏。提高清洗机的行走性能具有重要的意义，尤其在低速行走作业时，一旦跑偏很难纠正。因此，开发了带有自纠偏功能的清洗机行走控制系统，并且和不带有该自动纠偏功能的清洗机控制系统进行了对比研究。

（1）直线跑偏量的测试

在试验跑道上取50m测量区间，划出横向始端线、终端线和纵向中心线。清洗机从始端线进入，并使清洗机中心线与跑道中心线尽量平行，清洗机以作业速度行驶，在不调整转向操作装置的情况下通过试验区。将滴水装置固定在清洗机上，在路面上水滴所形成的轨迹即为清洗机的行走轨迹。每隔3m将轨迹线与跑道中心线之间的距离测出。

（2）试验结果分析

1）行走直线跑偏量的试验步骤

① 将清洗机按上述方法进行试验。

② 每隔3m将清洗机行走的轨迹线与跑道中心线的距离测出、记录。

③ 在Excel中将所测数据画成曲线，同时作出行驶轨迹线的初始轨迹切线，以初始履带轨迹切线延长线为准，测量在末端端线处履带跑偏量。

2）行走速度测试的实验步骤

① 将清洗机左右行使马达速度传感器信号按所述方法接入数据采集系统。

② 安装好清洗机原控制器，将数据采集系统上电，进行数据采集。

③ 设定清洗机速度，启动清洗机。

④ 拆卸原控制器，安装新控制器，重复步骤②、③。

清洗机直线行驶性能测试结果见表 6-3。

表 6-3 清洗机直线行驶性能测试结果

清洗机行走控制类型	左右轮速度差值（最大速度脉冲差）	行驶 50m 距离跑偏量/cm
控制系统带纠偏功能	1	14
控制系统不带纠偏功能	3	89

图 6-9 为不带纠偏功能清洗机，左右轮分别独立闭环控制。测试结果显示左轮速度均值比右轮速度均值要快 3 个脉冲左右，因此经过累计后，很容易导致清洗机跑偏。图 6-10 为带纠偏功能清洗机，测试结果显示速度均值几乎相同，主要因为在新控制方案中增加了左右轮的行驶距离差控制变量，可以实时地微调右轮的速度，使左右轮速度均值相同，从而使左右轮行使过的距离相同，达到纠偏的目的。

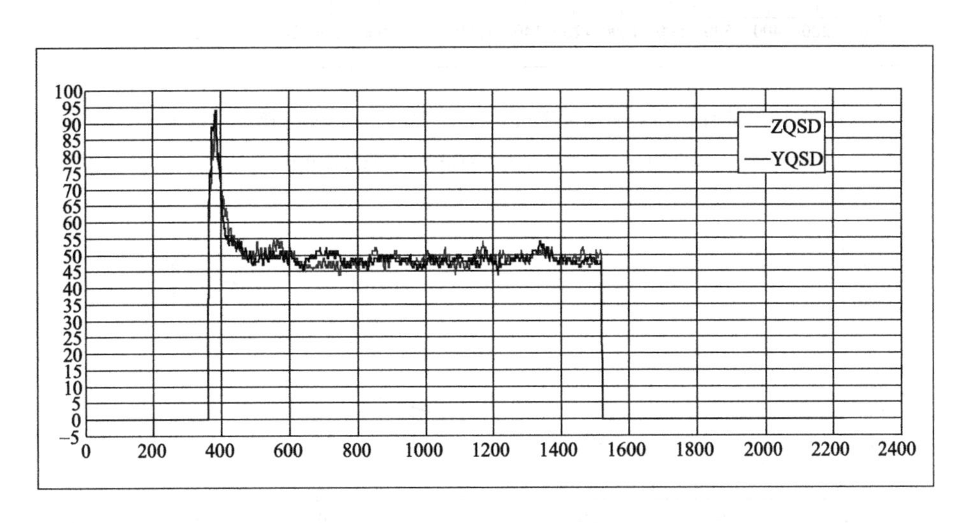

图 6-9 不带纠偏功能的清洗机，行走速度 1m/min 的速度测试情况

ZQSD—左轮马达转速；YQSD—右轮马达转速

直线跑偏量试验结果如图 6-11 所示。带有纠偏功能的清洗机 50m 的直线跑偏量约 14cm，不带有纠偏功能的清洗机行驶 50m 的直线跑偏量约 89cm。在不带有纠偏功能的清洗机控制方案中，清洗机直线跑偏量发生在两个阶段：

第一，起步阶段，主要因素有左右轮电磁阀最小电流不同，左右轮的泵、马达在小流量下容积效率低且差异大，左右履带的外负载不同，左右轮的轮滑率不同等；第二，恒速行驶阶段，主要有左右轮的泵、马达在恒速行驶下，左右履带的外负载、容积效率、液压系统的制造误差、左右履带的轮滑率不同等因素。特别在起步阶段，一旦形成偏转，行走一定距离后误差将被放大。在新方案中，除左右两侧的轮滑率不同这一影响因素外，其他的因素所形成的偏转可以通过左右履带转过的距离差变量监控，通过修正右轮履带的行驶速度设定值最终消除。

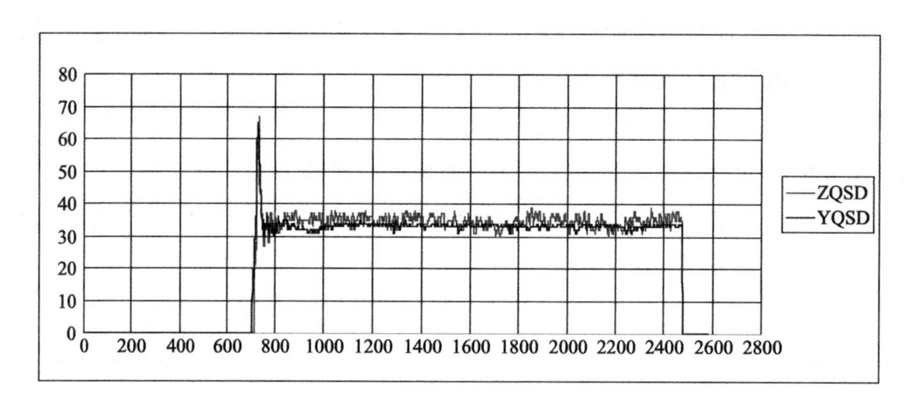

图 6-10　带有纠偏功能的清洗机，行走速度 1m/min 的速度测试情况

ZQSD—左轮马达转速；YQSD—右轮马达转速

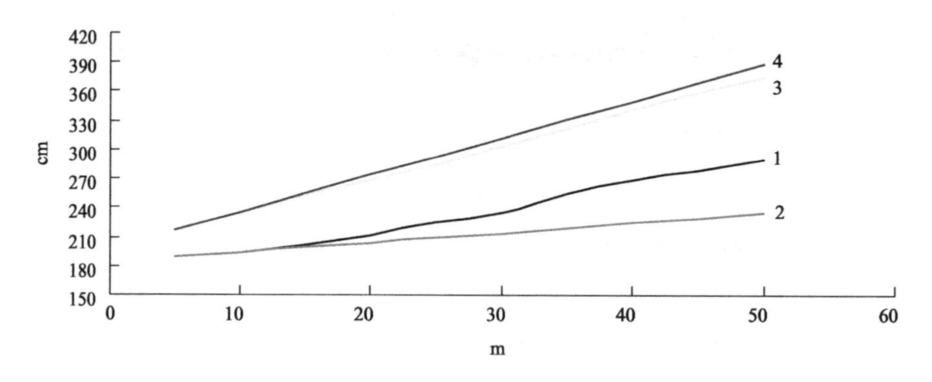

图 6-11　新、旧控制方案的清洗机行走轨迹及初始轨迹切线

1—原方案的行驶轨迹；2—原方案的初始轨迹切线；

3—新方案的行驶轨迹；4—新方案的初始轨迹切线

另外，从试验结果来看，对于清洗机而言，在50m的距离内上述各因素引起的直线跑偏量约89cm，由轮滑率不同而引起的跑偏量约14cm，约占15.7%。因此，采用纠偏新控制方案将清洗机50m的直线跑偏量提高了约84.3%。必须注意：如果清洗机重心偏移增大，由于轮滑率不同而引起的跑偏量也有增大的趋势。

(3) 结论

该方案在硬件结构不做任何改变、不增加任何成本的情况下，有效地防止了当控制系统超调量过大时对清洗机行走速度的影响。试验结果表明：采用纠偏功能的清洗机行走系统控制器保证了整个行走系统的速度控制精度，能够有效减少清洗机行走跑偏量，同时防止了各控制作用的相互干涉，优化了控制装置的控制性能，将清洗机出厂的直线跑偏量指标由2%提升到了0.5%以内。

6.2 太阳能板清洗机调平性能测试

清洗机自动调平系统在不同工况下的试验是清洗机能否保证其在作业时始终保持水平的重要验证步骤，通过试验能验证自动调平控制系统是否满足清洗机的实际工况需要，同时也可以检测控制策略能否和该自动调平系统进行有效的匹配。

试验包括以下几个内容：

① 跨越不同直径障碍物：设计清洗机以相同速度去跨越不同直径的障碍物，并将两者的试验结果进行比较。

② 不同行驶速度：设计清洗机以不同的行驶速度去跨越相同直径的障碍物，并将两者的试验结果进行比较。

进行清洗机自动调平系统试验，记录倾角仪系统的数据，绘制变化曲线，通过清洗机以上两种工况的试验做参考，对数据图像进行分析，以上两种工况试验验证自动调平控制系统能够实现清洗机的自动调平，证明其控制策略能够保证清洗机行走时的自动调平性能，提高清洗机作业时的安全性和可靠性。

6.2.1 不同直径障碍物工况

(1) 试验步骤

通过选择两种不同高度的障碍物，让清洗机以 1km/h 的速度跨越这两种不同高度的障碍物，使其沿预设路线行驶，确保平台的一侧履带轮从障碍物上驶过，障碍物的高度分别为 70mm 和 150mm，如图 6-12 和图 6-13 所示。分析清洗机压过障碍物过程中平台倾角的变化，以验证清洗机自动调平系统在跨越障碍物时的调平性能。

(2) 试验结果与分析

从图 6-12 和图 6-13 分析得知，当清洗机以 1km/h 速度跨过 150mm 障碍物时，最大的横滚倾角偏差为 0.71°，俯仰倾角偏差为 0.68°；清洗机以 1km/h 速度跨越 70mm 障碍物时，最大横滚倾角偏差为 0.39°，最大俯仰倾角偏差为 0.42°。试验结果表明，清洗机跨越不同障碍物时，横滚和俯仰的调平角度均小于 1°（1°为自动调平系统允许的最大调平倾斜角度），满足了自动调平控制系统的性能指标要求。

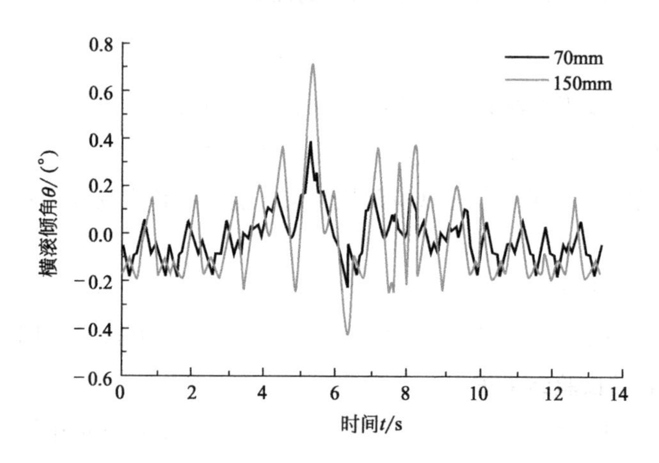

图 6-12 一侧履带通过不同直径障碍物的清洗机横滚倾角变化

6.2.2 不同行驶速度工况

(1) 试验步骤

通过选择两种不同大小的行驶速度（1km/h，2km/h），让清洗机以不同的速度跨越70mm的障碍物，使其沿预设路线行驶，确保平台的一侧履带轮从70mm障碍物上驶过，如图6-14、图6-15所示。分析清洗机不同大小速度跨越70mm障碍物过程中平台倾角的变化，以验证清洗机用不同速度行驶时自动调平系统的调平性能。

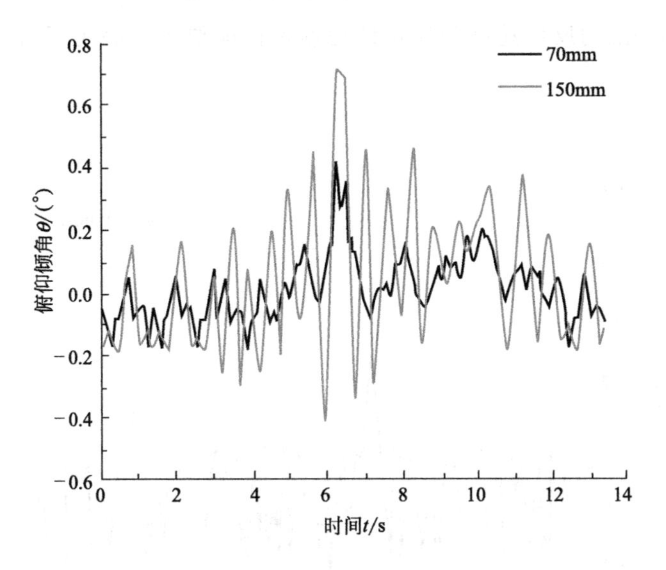

图6-13 一侧履带通过不同直径障碍物的清洗机俯仰倾角变化

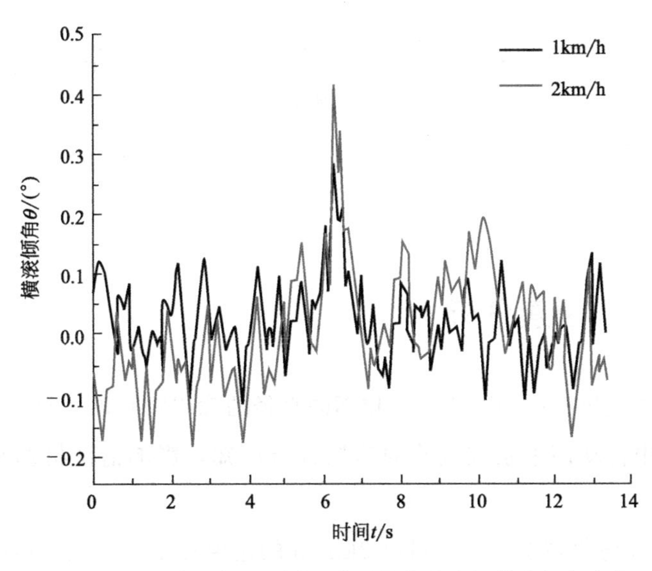

图6-14 以不同速度通过同一障碍物的清洗机横滚倾角变化

（2）试验结果与分析

从图 6-14 和图 6-15 分析得知，当清洗机以 1km/h 速度跨过 70mm 时，最大的横滚倾角偏差为 0.25°，最大俯仰倾角偏差为 0.34°；当清洗机以 2km/h 速度跨过 70mm 时，最大横滚倾角偏差为 0.39°，最大俯仰倾角偏差为 0.42°。试验结果表明：当清洗机以不同的速度跨越 70mm 时，其调平角度均小于 1°，调平缸的反应速度和稳定性均满足性能要求，满足了自动调平系统的性能指标。

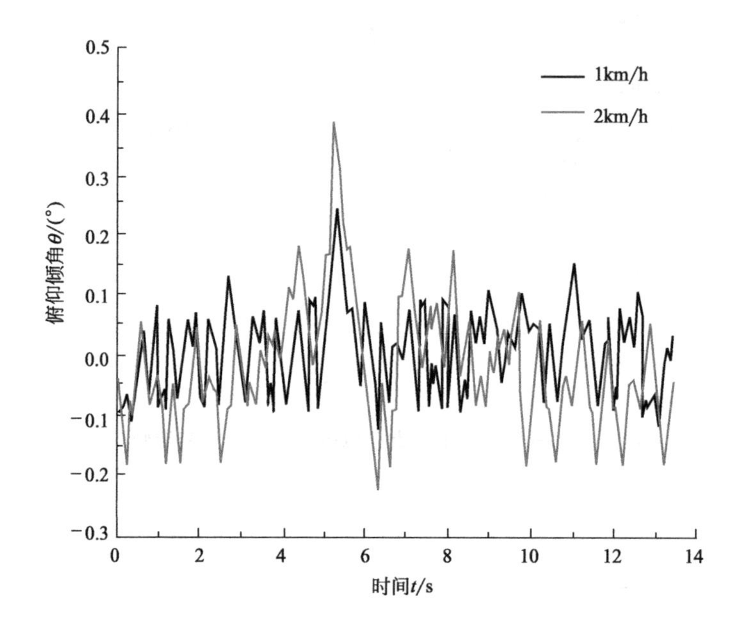

图 6-15 以不同速度通过同一障碍物的清洗机俯仰倾角变化

6.2.3 影响因素分析

通过对清洗机在以相同速度跨越不同直径的障碍物和以不同速度跨越相同直径障碍物中自动调平系统试验的结果分析可知，影响清洗机调平精度的因素为：

① 路面障碍物情况。清洗机以 2km/h 的速度在不同直径障碍物的路面情况下所做的自动调平系统试验中，不论是横滚倾角还是俯仰倾角，障碍物为 150mm 时最大调平角度偏差均大于障碍物为 70mm 的最大调平角度偏差，说

明不同直径障碍物的路面情况对自动调平精度具有一定的影响。

② 行驶速度。清洗机以 1km/h 和 2km/h 的速度通过 70mm 障碍物的情况下所做的自动调平系统试验中，不论是横滚倾角还是俯仰倾角，行驶速度为 1km/h 时的最大调平角度误差要小于行驶速度为 2km/h 时的最大调平角度误差，说明速度对清洗机自动调平系统的调平精度有影响，速度越小时自动调平系统调平精度也越高。

根据分析和比较，得出自动调平控制系统在这两种工况下的调平性能，结论为：

① 自动调平系统能满足这两种工况的调平性能要求，调平精度均在允许范围内，其调平角度均小于 1°，具体数据指标见表 6-4，调平缸的反应速度和稳定性均满足性能要求，满足了自动调平系统的性能指标。

表 6-4 清洗机调平系统指标测试结果表

项目类别	不同障碍物高度/cm		不同行驶速度/(km/min)	
	70	150	1	2
俯仰倾角	0.42°	0.68°	0.25°	0.42°
横滚倾角	0.39°	0.71°	0.34°	0.39°

② 说明自动调平控制系统能保证清洗机作业时的安全性和可靠性，满足了设计的性能指标，达到了清洗机在海水中作业时工作平台能进行自动调平的目标。

6.3 太阳能板清洗机清洗效率测试

6.3.1 试验方案

根据多次调研结果，光伏板面上的灰尘基本都是浮尘，灰尘颗粒大小在 0.1～20μm 之间，试验用灰尘颗粒样品选用粉末状的细红土。

① 将一定量的尘土均匀地撒到光伏太阳能模拟板上。

② 用清洗机进行清洗作业。

③ 清洗机作业后，收集光伏太阳能模拟板上的尘土，进行称量。

试验指标：在本试验中，以除尘率作为该除尘刷性能检验指标，以 η 表示，则有以下公式：

$$\eta=1-\frac{B}{A}\times100\% \tag{6-1}$$

式中 A——每一份样品总量；

B——清扫之后玻璃板面上余留的灰尘量。

6.3.2 试验平台搭建

为了测试清洗机工作性能，搭建光伏组件除尘试验平台，一般用 300W 的太阳能板，尺寸是 1960mm×990mm×35mm，试验中清洗机长度选用 1.8m，因此按照 1960mm×990mm 的尺寸设置太阳能模拟板阵列，如图 6-16 所示。太阳能清洗试验机如图 6-17 所示。

图 6-16 光伏太阳能模拟板阵列

6.3.3 试验数据处理及结果分析

利用清洗机移动速度、滚刷转速这两个工作参数对除尘率的影响分别进行试验，探究两者对清洁效率的影响。

（1）滚刷转速一定，移动速度变化的清洗机吸扫除尘试验

为了研究清洗机移动速度对滚刷除尘率的影响，综合考虑清洁效率、动力条件等多方面因素，本试验设定滚刷转速为 800r/min，在 1km/h、2km/h 两种清洗机移动速度下分别试验 20 次。根据参考文献［1］，每平方米范围内仅 4.05g 尘埃，将造成太阳能转换电能比例降低高达 40%，本试验中每次在总面积 19.4m^2 的 10 块标准太阳能模拟板面上均匀散布灰尘总量 81g，如图 6-18 所示，清扫完成之后测量 B 并求平均值，然后通过式(6-1）计算得到每一次清洗机移动速度下的除尘率。

图 6-17 清洗机试验机

图 6-18 太阳能板阵列模拟散布灰尘

清洗机移动速度与除尘率的关系如表 6-5 所示。由表 6-5 可得，在滚刷转速一定的条件下，除尘率随清洗机移动速度的增大不断增大，清洗机移动速度为 2km/h 以下时，除尘率均达到了 85%以上，且随着速度的降低，除尘率起伏较小，始终稳定在 85%～89%之间。

表 6-5　不同车速下清洗机除尘率试验数据表　/%

试验次数	1	2	3	4	5	6	7	8	9	10	平均除尘率
1km/h	86.4	87.2	88.5	88.3	89.5	89.4	89.1	87.2	86.1	90.2	88.2
2km/h	85.2	86.3	84.5	87.2	86.5	87.1	85.8	86.3	85.4	86.6	86.1

(2) 行走速度一定，滚刷转速变化的清洗机吸扫除尘试验

为了研究滚刷转速对清洗机除尘率的影响，参照当前清洗机清洗速度，设定清洗机移动速度为 1km/h，在 300r/min、400r/min、500r/min、600r/min、700r/min、800r/min 这六种滚刷转速下分别实验 20 次。每次在模拟板面上均匀散布灰尘总量 $A=81\text{g}$，清扫完成之后测量 B 并求各自平均值，通过式(6-1) 计算得到每一种清洗机移动速度下的除尘率。

滚刷转速与除尘率的关系曲线如图 6-19 所示。由图 6-19 可得：在清洗机移动速度一定的条件下，除尘率随着滚刷转速的增大而不断增大，在 200～500r/min 之间，除尘率增长较快；随着滚刷转速的增大而不断增大，600～700r/min 之间时除尘率增长又较快。

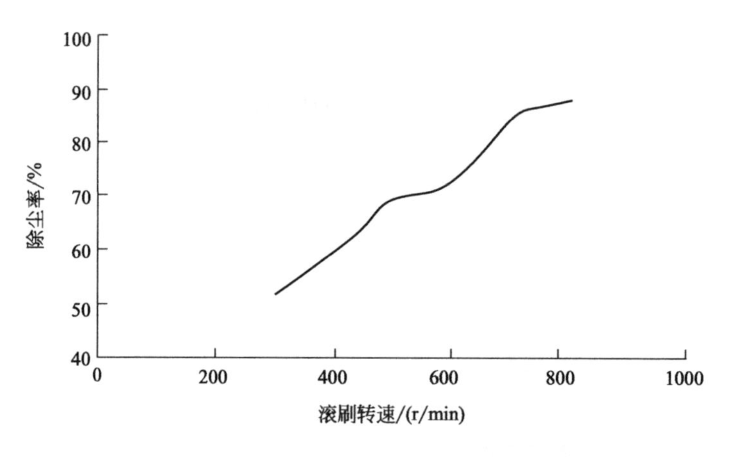

图 6-19　不同滚刷转速下，清洗机除尘率

上述试验结果表明：清洗机的除尘率受滚刷转速的影响最大，故可通过提高滚刷的转速来提高除尘率；而清洗机移动速度和滚刷转速对干式除尘刷的除尘率均有很大的影响。

为了进一步对除尘率的影响因素进行探究，分别在 300r/min、400r/min、500r/min、600r/min、700r/min、800r/min 这六种转速下，清洗机移动速度在 1km/h、2km/h 下，试验并记录每次的灰尘剩余量及收集量，计算除尘率，结果如表 6-6 所示。

表 6-6 不同车速、不同滚刷转速下的除尘率

滚刷转速/(r/min)	300	400	500	600	700	800
行走速度 1km/h 的除尘率/%	51.3	58.4	68.5	72.1	84.3	87.4
行走速度 2km/h 的除尘率/%	52.1	57.8	67.4	73.1	82.2	86.4

由表 6-6 可以得出：除尘率随着滚刷转速的增大而增大，随着清洗机移动速度的增大而减小；滚刷转速对除尘率的影响更为显著，尤其在 400～500r/min 之间时除尘率变化较大。在移动速度 1km/h、滚刷转速 800r/min 的条件下，除尘率达到了 87.4%，该工作参数下，清洁前后的太阳能模拟板清洁效果如图 6-20 所示。

图 6-20 清洗机吸扫模式下太阳能模拟板清洁效果图

通过对工作参数的优化研究可知：清洗机移动速度越慢、滚刷转速越快时除尘率越高，在本试验设备条件下，在移动速度 1km/h、滚刷转速 800r/min 时除尘率达到最高。但在后期的实际应用中，综合考虑工作效率、动力条件、刷毛使用寿命及清洗机系统稳定性等多方面因素的制约，需对除尘刷工作参数进一步优化。

(3) 清洗机清洗、吸扫四级联动除尘试验

为了进一步对除尘率的影响因素进行探究，分别在 300r/min、400r/min、500r/min、600r/min、700r/min、800r/min 这六种转速下，清洗机移动速度在 1km/h、2km/h 的移动速度下，试验并记录每次的灰尘剩余量及收集量，计算除尘率，结果如表 6-7 所示。

表 6-7 清洗机清洗、吸扫四级联动除尘率

滚刷转速/(r/min)	300	400	500	600	700	800
行走速度 1km/h 的除尘率/%	93.3	干净	干净	干净	干净	干净
行走速度 2km/h 的除尘率/%	92.1	干净	干净	干净	干净	干净

由表 6-7 可以得出：除尘率随着滚刷转速的增大而增大，在 2km/h 以下，清洗机移动速度影响不大；滚刷转速大于 400r/min 后，除尘非常干净，无法收集灰尘，对除尘率的影响更为显著。试验表明，加入蒸汽以后，除尘效果大大提高，如图 6-21 所示。

图 6-21 清洗机清洗、吸扫四级联动作业效果图

第7章

结论

光伏组件表面灰尘的覆盖大大降低了光电转化效率，影响经济效益。本书参考当前普遍使用的光伏组件除尘方式，结合大规模光伏电站光伏组件表面除尘的特殊要求，提出了一种集清扫、吸尘、滚刷、蒸汽四级联动的光伏太阳能板除尘清洗方案。通过新型清洗机的研制，最后通过搭建试验平台进行了试验，结果表明，本书所研制的新型清洗机除尘效果好，相关技术指标达到了设计要求。

现将本书的主要研究成果归纳如下。

(1) 研发了四级联动太阳能板清洗装置

利用高温高压蒸汽及四级工序联动清除太阳能板附着物的方法，通过设计清扫、吸尘、高压雾化蒸汽、滚刷四级联动太阳能板清洗装置，实现高效清洗，达到相对人工清洗节水 70%以上，效率提高 40～50 倍的目标。

① 对四级联动清洗装置的总体结构及各子系统的结构进行了设计研究，包括清扫机构的结构设计、材料选型；吸尘机构的结构设计及真空度、吸尘能力与结构空间的参数优化匹配等；高压雾化蒸汽装置的机构设计，并研究分析了利用高温高压蒸汽辅助清除污垢的方法，以保证在高效清洗的条件下减少用水量，分析清洗液用量、压力、温度等的参数优化，以提高太阳能板的清洗效果，开发了适合大多数太阳能板尺寸的擦干滚刷。

② 设计研发了清洗工作装置各四级联动子系统的驱动机构，及相关各子系统复合作业的协调控制技术，主要包括清扫机构的驱动控制技术、吸尘机构的驱动控制技术，滚刷的驱动技术、高压雾化蒸汽流的控制技术等。

(2) 完成了底盘的智能自适应控制系统及其行走底盘方案的结构设计

实现了太阳能板清洗机的自动纠偏能力、自动调平以适应各种作业场地的能力、工作装置的工作姿态自调整能力，实现清洗机的傻瓜化操作，提高作业效率。

① 研制了四级联动清洗工作装置作业控制系统。清洗工作装置采用分组控制的操作方式，清扫机构、吸尘机构、高压雾化蒸汽流发生机构、滚刷机构分别单独操作，可以更好地满足不同洁净度的太阳能板清洗要求。

② 研究了采用履带式行走系统的底盘，通过闭式静液压传动，选择电比例泵配置双挡变量马达带减速器进行驱动。同时研究了采用拖拉机牵引的轮胎式清洗机的底盘行走方式，保证清洗机沿着太阳能板阵列直线行走，研究了高精度北斗导航技术，可以保证清洗机其跑偏量<2cm。

③ 实现了作业平台的自动调平，利用三天线高精度北斗导航技术既保证实现了清洗机作业机组按预定规划路径行走，又保证了高精度的姿态角度检测，从而实现了整个作业平台的水平姿态。

(3) 研究了基于系统工程的整车轻量化拓扑优化方案

通过比较履带行走底盘和拖拉机牵引轮胎式底盘，有效减轻了整车质量和产品成本，在操纵臂架结构方面通过采用折叠臂架设计方案，实现了操控臂架构的轻量化。

(4) 完成了主要元件和参数的匹配选择及优化设计

根据太阳能板清洗机的工作要求，选取各子系统工作压力、流量、行走速度、工作姿态等主要技术参数，选择了行走驱动系统部件、臂架控制执行机构的各液压部件、工作装置各驱动元器件、高端运动型控制器、显示器、各部件传感器等元件。通过建立各系统的数学模型和仿真模型，进一步优化了主要元件的选取和结构设计。

(5) 光伏太阳能板清洗机试验研究

在合作单位搭建光伏太阳能板场地，通过试验，在不同工况下分别对清洗工作装置、行走子系统、调平子系统、臂架子系统等各分系统和整个系统进行试验，验证了该装备的整体性能。试验结果表明：

① 在行走测试方面，采用纠偏功能的清洗机行走系统控制器保证了整个行走系统的速度控制精度，能够有效减小清洗机行走跑偏量。同时防止了各控制作用的相互干涉，优化了控制装置的控制性能，将清洗机出厂的直线跑偏量指标由2%提升到了0.5%以内。如果加装高精度RTK北斗卫星导航系统，可以保证行走跑偏量小于2cm。

② 在调平测试方面，在清洗机以1km/h和2km/h的速度通过70mm障碍物的情况下所做的自动调平系统试验中，不论是横向倾角还是纵向倾角，行驶速度为1km/h时的最大调平角度误差要小于行驶速度为2km/h时的最大调

平角度误差，说明速度对清洗机自动调平系统的调平精度有影响，速度越小时自动调平系统调平精度也越高；自动调平系统能满足这两种速度下的调平性能要求，调平精度均在允许范围内，其调平角度均小于1°，调平油缸的反应速度和稳定性均满足性能要求，满足了自动调平系统的性能指标。

③ 在清洗效果方面，分两种情况测试。

第一，当采用吸扫式除尘，在滚刷转速一定的条件下，除尘率随清洗机移动速度的增大而不断增大，清洗机移动速度为2km/h以下时，除尘率均达到了85%以上，且随着速度的降低，除尘率起伏较小，始终稳定在85%～89%之间。除尘率随着滚刷转速的增大而增大，随着清洗机移动速度的增大而减小；滚刷转速对除尘率的影响更为显著，尤其在200～500r/min之间时除尘率变化较大。在移动速度1km/h、滚刷转速800r/min的条件下，除尘率达到了87.4%，除尘率随着滚刷转速的增大而增大。

第二，当采用蒸汽清洗和吸扫结合的四级联动清扫方式时，在2km/h以下，清洗机移动速度影响不大；滚刷转速大于400r/min后，除尘非常干净，无法收集灰尘，对除尘率的影响更为显著。试验表明：加入蒸汽以后除尘效果大大提高。

综上所述，经试验验证，已完成各项研究内容，各项指标达到任务要求。

由于资金和时间上的原因，本书研究内容还有很大的深入空间，今后可以从以下几点进行深入研究：

① 对所设计的四级联动除尘装置的参数进行深入的理论研究。在试验中发现，刷毛的软硬程度、刷毛长度及密度等都会直接影响到灰尘颗粒的清除效果，对最终的除尘效果有很大的影响。

② 为降低成本和实现整车轻量化，对拖拉机牵引式清洗机进行了整体方案研究和匹配分析，但没有进行样车制作、试验测试研究。

③ 本书的试验环节因实验条件等的限制，以模拟光伏太阳能板阵列进行除尘实验，而且在试验过程中，残余灰尘的收集方法仍有很大的改进空间，后期需要进一步搭建更符合设计要求的试验平台进行性能测试。

附录

PID控制算法设计

1. PID 算法原理

所谓的PID控制是指比例控制（P）、积分控制（I）和微分控制（D）的总称，PID控制的特点是原理简单，操作性强，编程方法简单易学，适用的范围比较广，控制参数之间相互独立。而且PID控制对产品的在线控制有着卓越的优势，可以自动调节系统出现的偏差，实现负反馈调节。

（1）比例作用

比例控制器实际上就是放大倍数可调的放大器

$$\Delta P = K_P \times e$$

式中，K_P 可大于1，也可以小于1；e 为控制器的输入，也就是测量值与给定值之差，又称为偏差。可以把它看作放大镜通过放大缩小倍数，实现控制系统调节，从而影响整个机械系统的运行。比例控制有个缺点，存在控制余差，要克服余差就必须引入积分作用。

（2）积分作用

控制器的积分功能是消除系统产生的余差，完善比例系统的不足。积分累积的速度与偏差 e 的大小和积分速度成正比。只要有偏差，积分控制器就会调整输出以减小偏差，这样系统就不会崩溃，只有当没有偏差时积分才会停止。

（3）微分作用

微分环节是PID里面的D参量，它的作用是克服被控对象的滞后，是用来反映误差的大小以及减小误差的环节。当误差增大时，微分为正，误差减小时，微分为负，反映了被控对象变化趋势。

2. PID算法设计过程及其步骤

我们对PID控制已经有了基本的了解，PID算法总共分为三个环节，运用PID调节器的原因如下：

① 技术成熟。

② 不需要建立数学模型。

③ 控制效果好。

④ 容易掌握。

比例调节器方程为：

$$y=K_{P}e(t) \tag{附录-1}$$

式中 y——调节器输出；

K_{P}——比例环节系数；

$e(t)$——调节器输入偏差。

从式（附录-1）中我们可以看出调节器产生的输出和输入的偏差之间成正比，可以知道只要是存在偏差，调节器就会表现出调节作用。在比例控制环节时我们通过系统所产生的误差来使比例控制部分作出相应的改变，方法是调节K_{P}。系统的误差越大，调节的幅度也就越大。通常在比例控制中要引入积分控制来使得系统可以兼顾动态性能和静态性能。

积分调节器的输出和输入偏差的积分成比例作用。积分方程为：

$$y=\frac{1}{T_{I}}\int e(t)\mathrm{d}t \tag{附录-2}$$

式中 T_{I}——积分时间常数，它表示积分速度的大小，T_{I}越大积分速度越慢，积分作用越弱；

y——调节器输出；

$e(t)$——调节器输入偏差。

使比例和积分两个环节结合起来，就形成了PI调节器，调节规律是：

$$y=K_{P}\left[e(t)+\frac{1}{T_{I}}\int e(t)\mathrm{d}t\right] \tag{附录-3}$$

PI调节器的输出特性曲线如附录图-1所示。

比例微分调节器：

$$y=T_{D}\frac{\mathrm{d}e(t)}{\mathrm{d}t} \tag{附录-4}$$

式中 T_D——积分时间常数，它表示积分速度的大小，T_D 越大积分速度越慢，微分作用越强；

y——调节器输出；

$e(t)$——调节器输入偏差。

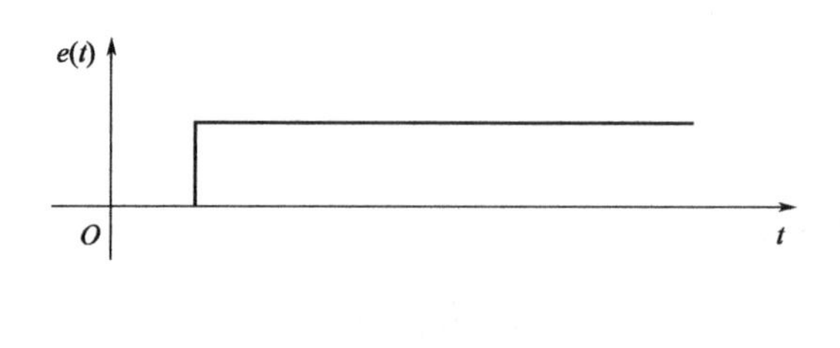

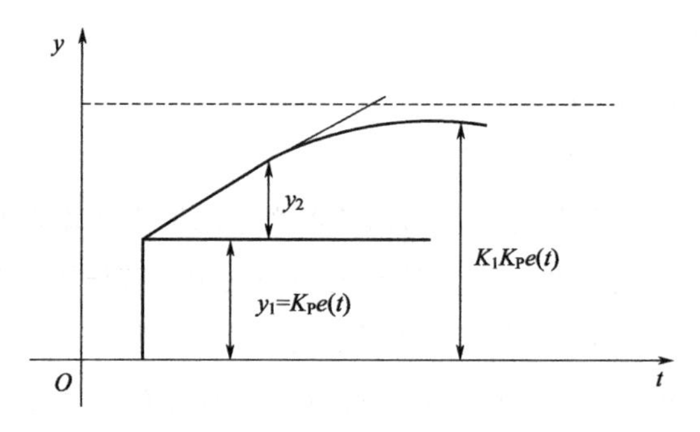

附录图-1　PI 调节器的输出特性曲线

微分作用响应图如附录图-2 所示。

PD 调机器阶跃响应曲线如附录图-3 所示。

在正式的设计中，通常把比例、积分、微分共同使用，以此形成 PID 调节器，从而进一步完善调节品质。

PID 微分方程为：

$$y=K_P\left[e(t)+\frac{1}{T_I}\int e(t)\mathrm{d}t+T_D\frac{\mathrm{d}e(t)}{\mathrm{d}t}\right]\qquad(附录-5)$$

在光伏太阳能板清洗机的行走系统中，通过附录图-4 所示的行走系统，PID 控制器感应速度传感器发出的信息，以此来控制电比例泵和电机的流量和流速，当有偏差时可以通过 PID 系统来进行误差补偿，不断进行修正处理，以此来达到控制车速以及电机转速的要求。

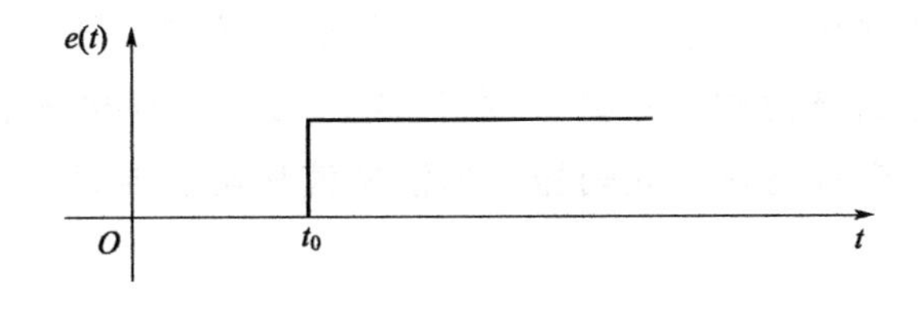

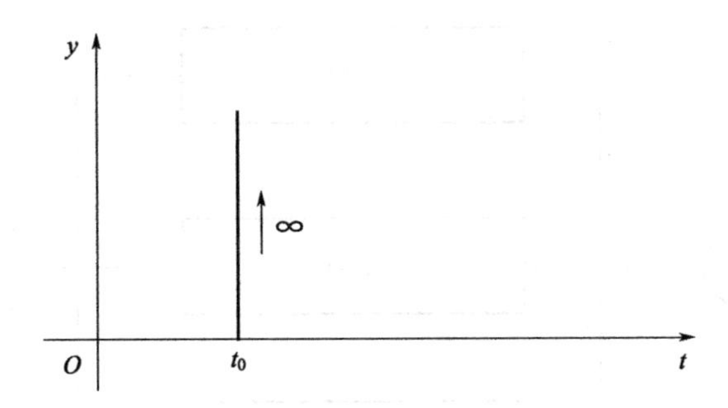

附录图-2　微分作用响应图

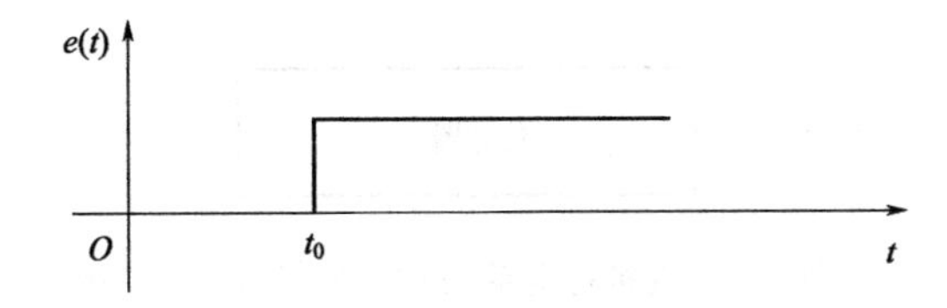

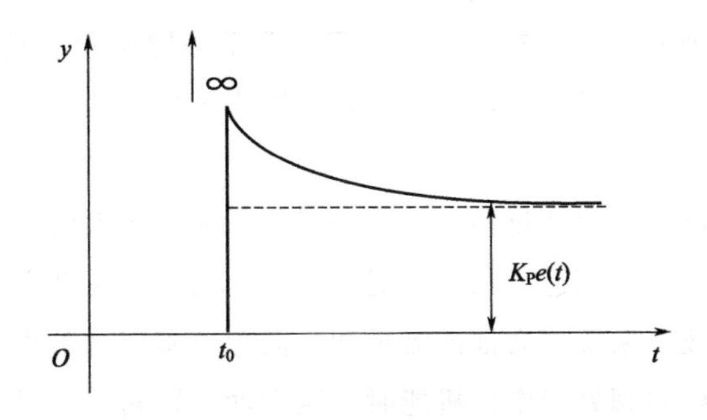

附录图-3　PD 调机器阶跃响应曲线

(1) 被控对象工作基本要求

清洗机行走部分的液压油路图如附录图-5 所示。光伏太阳能清洗机采用容积式无级调速的闭式液压系统，可实现双向运转的无级调速。设备设有制动机制。清洗机行走系统每个驱动轮的液压控制系统都是由双向变量泵、三位四通电磁换向阀（P型）、溢流阀、二位三通电磁换向阀、辅助泵、梭阀、双向变量马达、联轴器、单活塞液压缸、制动缸、滤油器、单向阀组成。

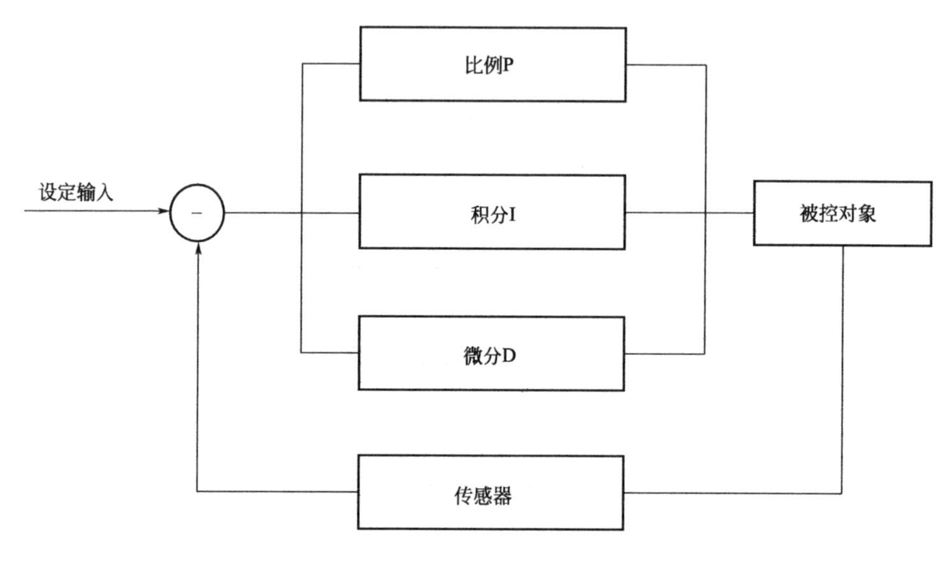

附录图-4 清洗机行走系统 PID 控制器工作框图

(2) 无级调速的实现

如附录图-5 所示，履带式清洗机为双轮驱动，即两个驱动轮可独立工作，通过两轮配合可以实现车体的转向。以单个履带为例，辅助泵输出液压油经过滤油器进入三位四通电磁换向阀，经过换向阀的调节进入单活塞液压缸控制双向变量泵，一路进入双向变量马达，其中三位四通电磁换向阀可以调节液压马达转速。另一路经单向阀进入二位三通电磁换向阀、液压缸实现对双向变量马达的调节。改变液压系统压力油的流量和方向即可实现对系统的无级变速。其中三位四通电磁换向阀处于中位机能时，压力油与缸两腔连通，回路封闭，设备实现匀速行驶。通过三位四通电磁换向阀的开闭，控制主泵的斜盘相应方向和倾摆角相应角度，从而确定主泵的排油方向和流量，进而通过双向变量马达的变换去调节驱动轮的速度和方向。由于系统是随动控制，主泵液压油流量做连续性变化，所以满足对行驶系统的无级调速要求。

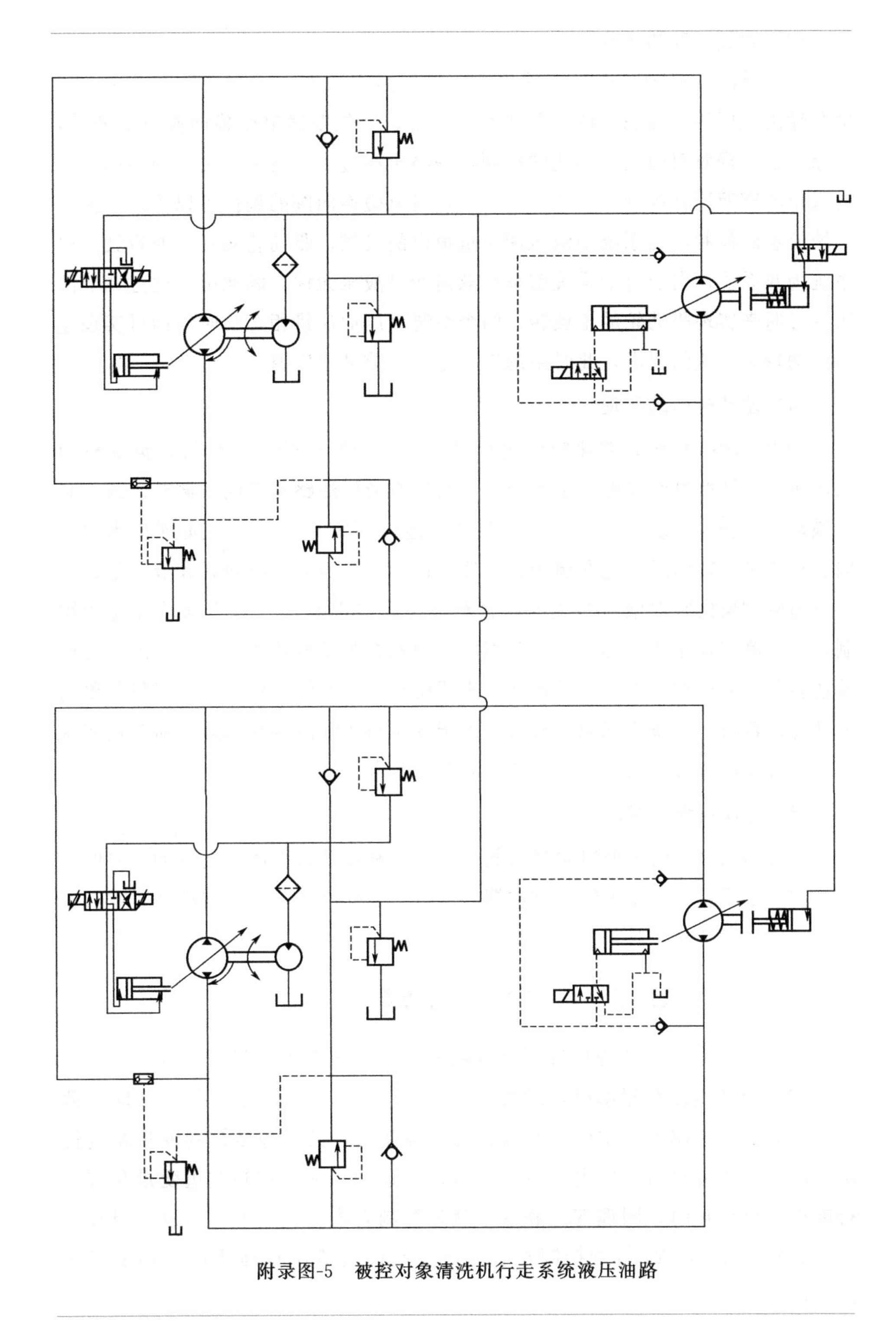

附录图-5 被控对象清洗机行走系统液压油路

(3) 直线行驶的实现

如附录图-5所示，直线行驶包括前进和后退两方面，在液压系统中，辅助泵输出液压油经过滤油器、单活塞液压缸、三位四通电磁换向阀分成两路，一路直接实现对双向变量马达的控制，一路再经过二位三通电磁换向阀的调节进入单活塞液压缸控制双向变量泵。通过对电磁换向阀的调控可以实现对液压系统流量的控制，当系统中液压油流量恒定的时候，驱动轮实现恒速行驶。原系统为双系统，由于每个系统都采用双向变量液压元件，因此可以通过调节液压油方向来实现驱动轮的正反转，两个系统液压油流量相等的时候即可实现左右驱动轮等转速的要求，此时系统以一定速度前进或后退。

(4) 差速转向的实现

如附录图-5所示，差速转向包括半径转向和原地转向，履带式清洗机为双轮驱动，即两侧驱动液压油路独立，对左右液压油路实行同一调节，既可联动满足设备相应速度和直线方向的改变，通过两轮配合又可以实现车体的转向。车体进行转向时，左右履带轮一侧经过三位四通电磁换向阀和液压泵、二位三通电磁换向阀对液压马达速度进行调节，实现对这一侧驱动轮转速的控制，另一侧驱动轮速度的调整原理相同。当左右驱动轮转速不同时，即可实现差速转向，而通过对左右驱动速度差进行调整可以不同半径转向，当只有单侧驱动轮运转时，设备实现原地转向。由于液压马达和液压泵都为双向变量液压元件，所以车体可以实现顺时针和逆时针的转向。

(5) 停车制动的实现

制动回路由二位三通电磁换向阀、制动缸和联轴器组成。此制动回路的供油由辅助泵提供，液压油经过滤油器、二位三通电磁换向阀、制动缸、联轴器控制液压马达制动，此系统可以实现系统的平稳制动以及设备停车后的自锁。

3. 清洗机行驶控制系统PID的硬件方案

附录图-6所示为清洗机液压系统的控制图，其中主要部分由显示器、发动机控制器和主控制器组成，通过CAN通信技术进行数据通信，保证了数据的可靠性。控制系统中的核心元件是主控制器，其任务是控制变量泵进行车辆的转向或者直行、后退。在控制过程中 Y_{11} 和 Y_{12} 控制左边变量泵来进行前进后退和转向，同理 Y_{21} 和 Y_{22} 就是控制右边变量泵进行前进后退和转向，电磁阀 Y_3 和 Y_4 分别控制左右马达，通过调节左右马达可以调节车辆的快慢。

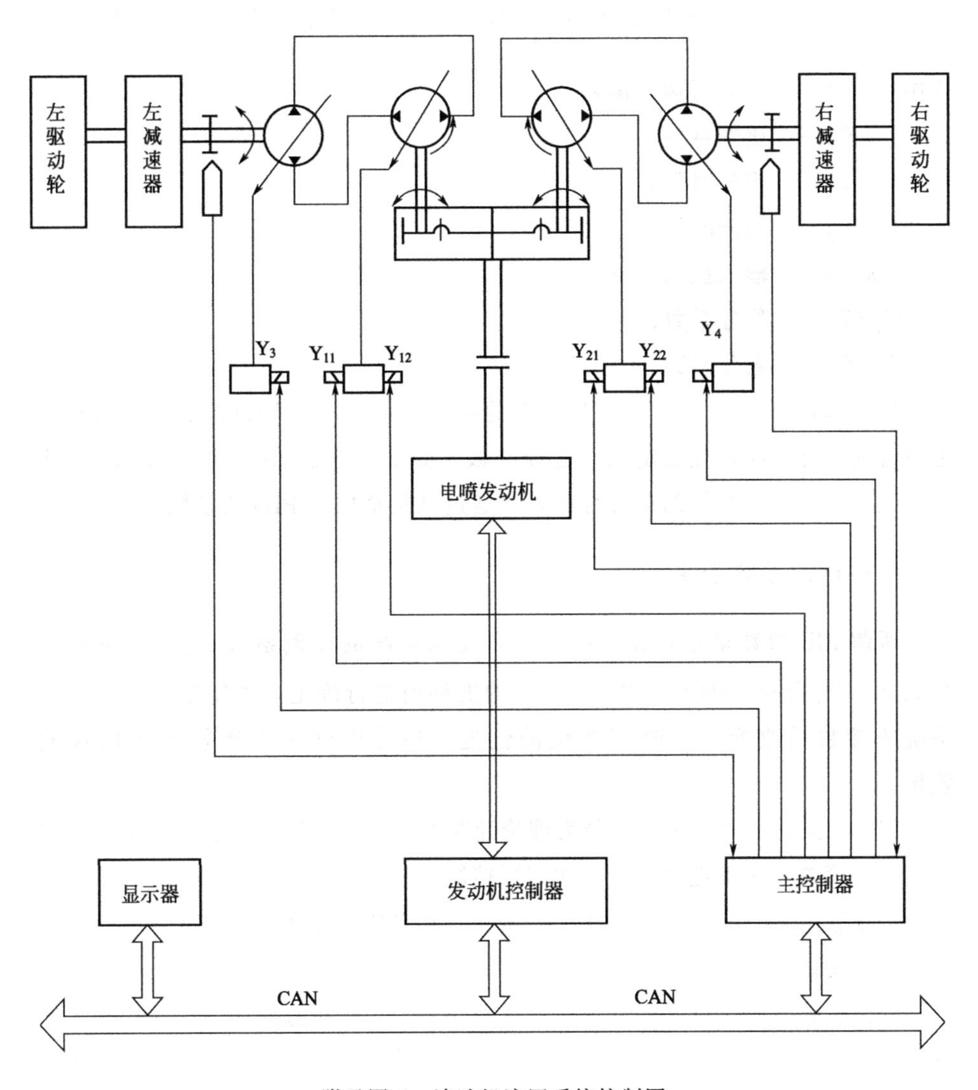

附录图-6 清洗机液压系统控制图

PID控制系统原理如附录图-4所示。

所以清洗机行走系统PID算法代入式（附录-5），得控制器的PID控制规律为：

$$u(t)=K_{\mathrm{P}}\left[e(t)+\frac{1}{T_{\mathrm{I}}}\int_{0}^{t}e(t)\mathrm{d}t+T_{\mathrm{D}}\frac{\mathrm{d}e(t)}{\mathrm{d}t}\right]$$

进一步得到：

$$u(t)=K_{P}e(t)+\frac{K_{P}}{T_{I}}\int e(t)\mathrm{d}t+K_{P}T_{D}\frac{\mathrm{d}e(t)}{\mathrm{d}t} \qquad (附录-6)$$

式中 $e(t)$——调节器输入偏差；

K_P——比例系数；

T_I——积分时间；

T_D——微分时间；

$u(t)$——输入控制变量；

K_P/T_I——积分系数；

K_PT_D——微分系数。

由式(附录-6) 可以得到PID控制的规律，由于使用PID控制器来进行行走系统的设计，需要先确定三个主要参数，分别是 K_P、K_P/T_I、K_PT_D。由于参数会影响控制系统的动静性能，故通过试验来控制PID的参数。

4. PID的参数整定

所谓PID参数整定，就是指对PID控制系统的比例系数 K_P、积分时间系数 K_P/T_I 和微分时间系数 K_P/T_D 的准确值进行确定。整定实质即对控制系统的参数的改变，来改变系统的性能，最终得到一个比较理想的控制效果。

PID参数整定的方法一般分为理论计算整定法和工程整定法，由于工程整定法比较简单，易于理解，所以在实际控制系统中应用比较广泛。

工程整定法一般有三种方法：凑试法、临界比例法和经验法。

(1) 凑试法

凑试法是按照比例、积分和微分依次整定，先将积分时间设为无穷大，然后微分时间设为零，比例系数按要求设定数值并逐渐增大。首先将 K_P 设置为纯比例控制时的5/6，然后再引入积分环节，将积分时间系数从大到小进行整定。如果需要使用微分环节，一般先设置 $T_D=(1/4\sim1/3)T_I$，逐渐增大微分时间系数，直到控制系统达到最好的性能。

(2) 临界比例法

本方法和凑试法类似，它的基本思想是先对系统纯比例调控，采用适当的 K_P 运行，然后逐渐加大 K_P 直到出现等幅振荡现象。根据获得的 K_U（临界比例系数）和 T_U（临界振荡周期），结合经验公式，计算相关参数，完成参数整定。如果 K_P 调整到系统能够达到的最大值仍然没有出现等幅振荡现象，则把此时的最大值作为 K_U。附录表-1就是临界比例法的经验公式。

附录表-1 临界比例法的经验公式

控制系统类型	K_P	K_P/T_I	K_P/T_D
P	$0.5K_U$		
PI	$0.45K_U$	$0.85T_U$	
PID	$0.6K_U$	$0.5T_U$	$0.12T_U$

(3) 经验法

以上两种方法都需要反复试验才能完成参数整定工作，尤其是凑试法工作量更大。为了减少测试的次数，通过依据经验获得的参数来计算出 PID 控制参数，这种方法称为经验法。在实际的工程中，可以先采用临界比例法求得 PID 控制系统的基准参数，再使用凑试法实现对系统的参数整定，以期得到一个更加满意的控制效果。

本案例将经验法和试凑法相结合，最后得到 PID 参数见附录表-2。

附录表-2 清洗机行走系统 PID 参数

控制系统类型	K_P	K_P/T_I	K_P/T_D
PID	200	1	10

5. 清洗机行走系统 PID 控制算法实现

光伏太阳能板清洗机行走系统控制流程见附录图-7，其中 V_1 为右驱动轮转速，V_2 为左驱动轮转速。系统工作时，驾驶员脚踩加速踏板处于一定位置，此时发动机处于一定转速之下。此时驾驶员操纵转向盘，若转向盘不转动，系统判断不转向，选用设备直线行驶程序，此时设备保持一定速度直线前进或后退。

若转向盘转动一定角度，系统识别设备行驶状态为转向，随后系统判断设备是进行原地转向还是一定半径的转向。若设备不是原地转向，则调用转向程序，设备进行前进（后退）转向。设备进行前进（后退）左转向的时候，控制系统右驱动轮转速 V_1 大于左驱动轮转速 V_2，设备实现前进（后退）左转。设备进行前进（后退）右转向的时候，控制系统右驱动轮转速 V_1 小于左驱动轮转速 V_2，设备实现前进（后退）右转。若车辆是原地转向，则调用原地转向程序。设备进行原地左转向的时候，右驱动轮转速 V_1 大于左驱动轮转速 V_2，且左驱动轮转速 V_2 大小为零，此时实现原地左转向。设备进行原地右转向的时候，右驱动轮转速 V_1 小于左驱动轮转速 V_2，

且右驱动轮转速 V_1 大小为零，此时实现原地右转向。设备实现转向后保持一定速度继续行驶。

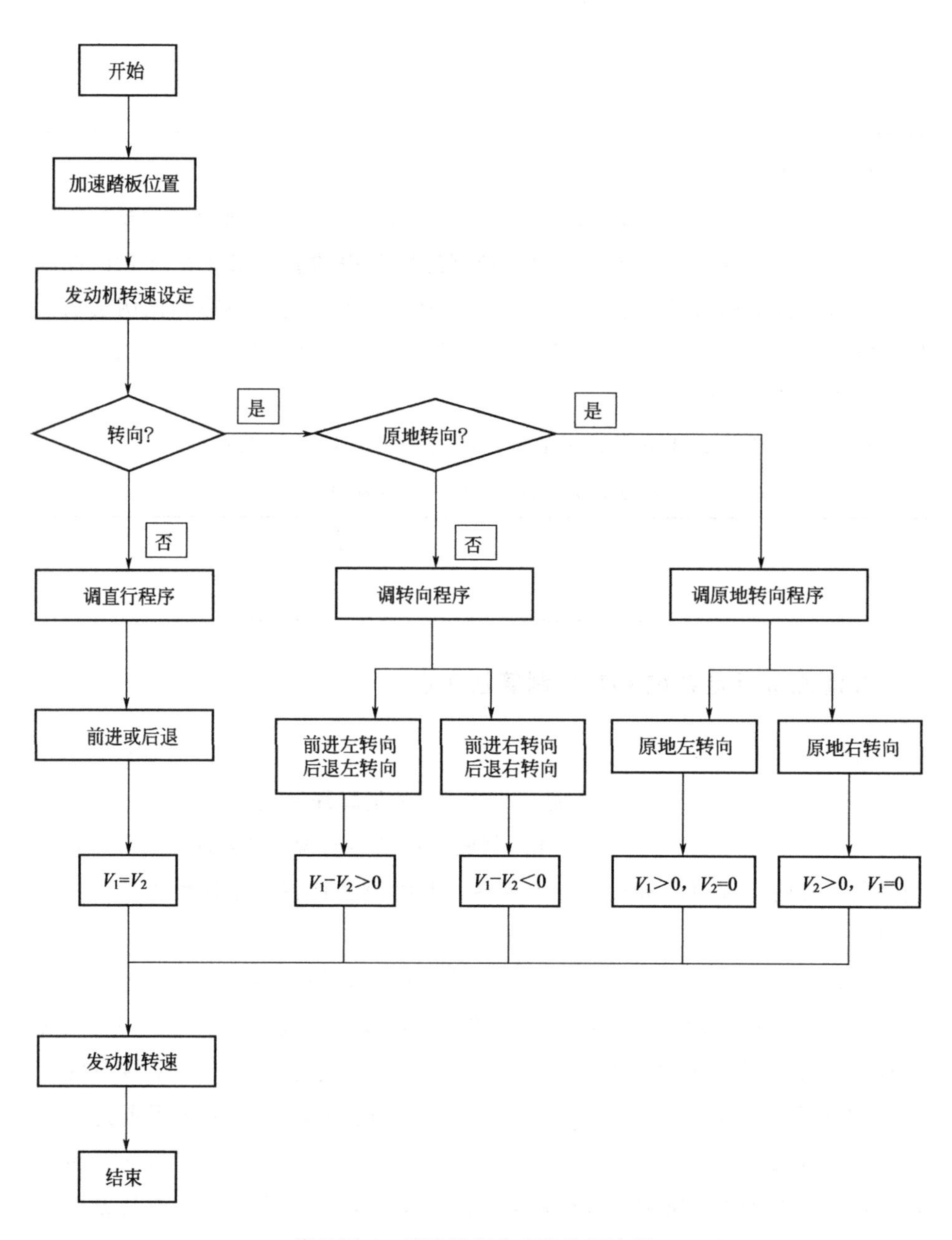

附录图-7　清洗机行走系统控制流程

参考文献

[1] 山东交通学院. 多功能太阳能电池板清洗车：CN201410196364.1 [P]. 2014-10-19.

[2] 徐工集团工程机械有限公司. 摊铺机行走系统的智能控制方法：CN200910064340.X [P]. 2009-10-06.

[3] 徐工集团工程机械有限公司. 低压力源环境下实现高低压压力传感器测试的方法：CN200910172391.4 [P]. 2010-05-12.

[4] 愚公机械股份有限公司. 一种车身万向调平装置：CN201410374273.2 [P]. 2014-10-03.

[5] 山东交通学院. 一种清洗吸污两用联合疏通车液罐：CN201410805586.9 [P]. 2014-10-08.

[6] 山东交通学院. 一种复合式电子机械制动器：CN201310706561.9 [P]. 2013-10-07.

[7] 山东交通学院. 一种容积可调的多用途液袋运输车：CN201310005523.0 [P]. 2013-5-1.

[8] 山东交通学院. 一种带有阻浪功能的液罐及含该液罐的液罐车：CN201610728724.8 [P]. 2015-4-9.

[9] 山东交通学院. 一种自动调整车辆左右弹簧载荷的防侧翻装置：CN201410277175.7 [P]. 2014-10-29.

[10] 山东交通学院. 一种非恒压网络下二次调节传动系统的蓄释能控制方法：ZL 2008 10017123.0 [P]. 2008-12-17.

[11] 山东交通学院. 一种太阳能电池板风刀清洗装置：CN201420237309.8 [P]. 2014-10-29.

[12] 山东交通学院. 一种多功能太阳能电池板清洗车：CN201420237307.9 [P]. 2014-08-13.

[13] 山东交通学院. 一种防压紧力过载的太阳能电池板清洗装置：CN201420276886.8 [P]. 2014-10-1.

[14] 尹修杰. 一种工程车辆及减震装置：CN201520285613.4 [P]. 2015-11-05.

[15] 山东鲁班机械科技有限公司. 一种光伏电站蒸汽清洗装置：CN201521093347.1 [P]. 2015-12-25.

[16] 山东鲁班机械科技有限公司. 一种光伏电站清洗装备排尘器：CN201521089788.4 [P]. 2016-07-06.

[17] 山东鲁班机械科技有限公司. 一种光伏太阳能清洗机水箱：CN201521092635.5 [P]. 2016-06-15.

[18] 山东鲁班机械科技有限公司. 一种光伏电站蒸汽清洗装置：CN201521093347.1 [P]. 2016-08-24.

[19] 山东鲁班机械科技有限公司. 一种多级节能清洗装置：CN201420428385.7 [P]. 2014-7-31.

[20] 山东鲁班机械科技有限公司. 一种光伏太阳能电站蒸汽清洗系统：CN201420403372.4 [P]. 2014-7-21.

[21] 山东鲁班机械科技有限公司. 光伏电站清洗机滚刷：CN201530207810.X [P]. 2015-11-11.

[22] 山东鲁班机械科技有限公司. 一种光伏太阳能清洗机臂座：CN201420572531.3 [P]. 2015-01-21.

[23] 愚公机械股份有限公司. 一种太阳能清洗机的回转接头：CN201420572610.4 [P]. 2015-01-28.

[24] 愚公机械股份有限公司. 一种光伏太阳能板清洗机间距调整装置：CN201420428434.7 [P]. 2015-07-31 授权.

[25] 山东鲁班机械科技有限公司. 一种光伏太阳能板清洗机折叠摆动臂和吸尘排尘装置：CN201420428433.2 [P]. 2014-7-31.

[26] 愚公机械股份有限公司. 太阳能电板清洗机：CN201320690925.4 [P]. 2013. 10-31.

[27] Zang Faye. Research on the performance simulation of the transmission system of loader with secondary regulating technique [J]. Key Engineering Materials，2010，426（10）：299-302.

[28] 关士学. 太阳能板清理机机械臂部件设计与优化 [D]. 杭州：浙江工业大学，2015.

[29] 唐恒，桂勇，霍冠禹. 国内外光伏产业专利情报分析 [J]. 情报杂志，2011，30（11）：21-25.

[30] 陈晓燕. 光伏产业国际竞争力研究 [D]. 天津：南开大学，2010.

[31] Zhao Dingxuan，Cui Gongjie，Li Dongbing. Shift quality of transmission system for construction vehicle [J]. Journal of Jiangsu University（Natural Science Edition），2008，5.

[32] Tang Xin xing，Zhao Dingxuan，Huang Haidong. Three-stage with geometric ratios hydrostatic-mechanical compound transmission for construction vehicle [J]. Changchun；Journal of Jilin University (Engineering and Technology Edition)，2006，S2.

[33] 徐晓光，喻道远，等. 工程机械的智能化趋势与发展对策 [J]. 工程机械，2002，33（6）：9-12.

[34] 王世明. 工程机械液压系统故障检测诊断技术的现状和发展趋势 [J]. 机床与液压，2009，37（2）：175-180.

[35] 林琛. 分析工程机械智能化的技术 [J]. 四川建材，2009，35（4）：43-44.

[36] 魏洪兴，王田苗，陈殿生. 智能化工程机械及其关键技术研究 [J]. 工程机械，2004，35（5）：1-3.

[37] 王国庆，刘洁，等. 工程机械智能化控制器研究 [J]. 筑路机械与施工机械化，2008，25（3）：73-75.

[38] 白桦，陆念力，吕广明. 液压挖掘机工作装置运动轨迹的智能控制及示教再现 [J]. 哈尔滨建筑大学学报，2000，33（4）：70-73.

[39] 龚芳馨，刘晓伟，王靓. 光伏电站太阳能板的清洁技术综述 [J]. 水电与新能源，2015（05）：71-73.

[40] 谢骅. 我国若干地区总悬浮颗粒物和沉积尘来源解析 [J]. 气象科学，1999，19（1）：26-32.

[41] 张风，白建波，郝玉哲，等. 光伏组件表面积灰对其发电性能的影响 [J]. 电网与清洁能源，2012，28（10）：82-86.

[42] 居发礼. 积灰对光伏发电工程的影响研究 [D]. 重庆：重庆大学，2010.

[43] 李明. 固体微颗粒粘附与清除的机理及表面保洁技术的研究 [D]. 长沙：中南大学，2010.

[44] 陈菊芳，沈辉，李军勇，等. 广州地区空气洁净度对光伏电站的影响 [J]. 太阳能学报，2011，32（04）：481-485.

[45] 袁亚飞，刘民，柏向春. 电帘除尘技术的研究现状 [J]. 航天器工程，2010，19（5）：89-94.

[46] 孟广双，荒漠光伏太阳能电池板表面灰尘作用机理及其清洁方法研究 [D]. 西宁：青海大学，2015.

[47] 马小龙. 光伏面板积尘特性及高效除尘方法研究 [D]. 杭州：浙江工业大学，2015.

[48] 高德东，孟广双，王珊，等，荒漠地区电池板表面灰尘特性分析 [J]. 可再生能源，2015，33（11）：1597-1602.

[49] 马俊. 积尘对平板型太阳能集热器性能影响的研究 [D]. 长沙：湖南大学，2011.

[50] 孟伟君，朴铁军，司德亮，等. 灰尘对光伏发电的影响及组件的清洗研究 [J]. 太阳能，2015，2：22-27.

[51] 孟明辉，周传德，张杰，等. 三相行波电帘除尘的抗风干扰研究 [J]. 机电工程，2016：33（4）：

453-457.

[52] 周传德，何高法，张杰，等.基于行波电帘的太阳能电池板微尘自清洁研究［J].河北科技大学学报，2013，34（2）：97-101.

[53] 顾曙光.一种太阳能电池板全天候移动清洗装置的研制［D].苏州：苏州大学，2015.

[54] 龚恒翔，韩涛，周康渠，等，一款外置机械式光伏组件除尘装置除尘性能测试［J].河北师范大学学报（自然科学版），2015，39（6）：504-507.

[55] 曲君乐，吕斌，吴承璇，等.太阳能电池板自动清扫装置的研制［J].山东科学，2013，26（4）：51-55.

[56] 韩涛，龚恒翔，周康渠，等.国内光伏组件除尘专利技术比较研究［J].重庆理工大学学报（自然科学版），2015，29（8）：65-69.

[57] 巫江，龚恒翔，朱新才，等.光伏组件自动除尘装置设计与研究［J].重庆理工大学学报（自然科学版），2014，28（3）：92-97.

[58] 付锦.光伏电池板清洁机器人的设计与实现［D].武汉：华中科技大学，2015.

[59] 李昂.光伏清洁机器人的设计与分析［D].武汉：华中科技大学，2014.

[60] 柳冠青.范德华力和静电力下的细颗粒离散动力学研究［D].北京：清华大学，2011.

[61] Biris A S，Saini D，Srirama P K，et al. Electrodynamic removal of contaminant particles and its applications［C］. In：Conference Record-IAS Annual Meeting（IEEE Industry Applications Society），2004，2：1283-1286.